本书系山东省社会科学规划重点项目"中国古建筑和谐理念研究——以山东古建筑群为例"（11BZXJ03）和齐鲁优秀传统文化传承创新重点工程项目"儒家哲学研究丛书"成果

本书系山东建筑大学博士基金项目"詹克斯建筑美学思想研究"（XNBS1280）成果

本书获得山东社会科学院出版资助

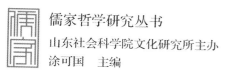

儒家哲学研究丛书

山东社会科学院文化研究所主办

涂可国　主编

中国古建筑和谐理念研究

李玲　李俊　冀科峰　著

中国社会科学出版社

图书在版编目（CIP）数据

中国古建筑和谐理念研究/李玲，李俊，冀科峰著. —北京：中国社会
科学出版社，2017.1

（儒家哲学研究丛书）

ISBN 978 - 7 - 5161 - 9084 - 5

Ⅰ.①中…　Ⅱ.①李…②李…③冀…　Ⅲ.①古建筑—研究—中国
Ⅳ.①TU - 092

中国版本图书馆 CIP 数据核字（2016）第 241656 号

出 版 人	赵剑英	
责任编辑	孙　萍	
责任校对	周　昊	
责任印制	王　超	

出　　版	中国社会科学出版社	
社　　址	北京鼓楼西大街甲 158 号	
邮　　编	100720	
网　　址	http://www.csspw.cn	
发 行 部	010 - 84083685	
门 市 部	010 - 84029450	
经　　销	新华书店及其他书店	

印　　刷	北京明恒达印务有限公司	
装　　订	廊坊市广阳区广增装订厂	
版　　次	2017 年 1 月第 1 版	
印　　次	2017 年 1 月第 1 次印刷	

开　　本	710×1000　1/16	
印　　张	17	
字　　数	224 千字	
定　　价	65.00 元	

凡购买中国社会科学出版社图书，如有质量问题请与本社营销中心联系调换
电话：010 - 84083683

儒家哲学研究丛书
编委会

总序　重建儒家哲学

涂可国

　　在当代世界经济政治文化不断向全球化与本土化双向扩展的历史背景下，加强儒家哲学研究是发展中国哲学事业的迫切要求与重要途径。儒家哲学自从孔子创立以来经历了两千多年的发生发展演变过程，其内容随着不同历史时期儒家人物的不断诠释与重构，愈来愈丰富多样、博大精深；其叙述方式与主题形态也不断发生着改变。虽然儒家哲学的系统化研究从 20 世纪初伊始已达一百多年的历史，但是当今加强儒家哲学研究仍然"任重而道远"。

一　儒家哲学的基本内涵及主要特征

　　在我看来，"中国哲学"大致具有广义、中义和狭义三种指向。狭义的"中国哲学"主要是指近代以前的中国古代哲学；中义的"中国哲学"是指由中国学人通过创造性思维所生发出来的各种哲学思想，包括从古到今的各种哲学如先秦儒家哲学、两汉经学、魏晋玄学、宋明理学、现代新儒学，以及近代以来中国哲学家自身所提出来的各种哲学创新性理论（如新时期在中国本土上所发展起来的人学、社会哲学、价值哲学、经济哲学、政治哲学等）；而广义的"中国哲学"除了包括中义的中国哲学所容纳的各种哲学思想外,还包括作为研究形态的外国哲学(主要是西方哲学)和马克思主义哲学。同样地,儒家哲学也有广义、中义和狭义之分。狭义的儒家哲学单指中国古代不同历史时期儒家所创立的哲学思想,中义的儒家哲学不仅包括古典儒家哲学理论,还包括现代新儒家所创造的各种哲学思想,广义的儒家哲学则在中义的儒家哲学基础上还容纳了各种儒家哲学研究成果。应当承认,古典儒家哲学文本尚没有发现有系统化的哲学理论建构,而现代新儒家有许多站在理论理性层面提出了较为体系化的哲学思想。

从儒家哲学的基本内容和逻辑结构来看,按以往哲学分类,它包括以天人合一为特质的本体论、以知行合一为特征的认识论、以阴阳五行为基本内容的辩证法和以以民为本为主体内涵的社会历史观。笔者曾在《社会哲学》一书中提出,如果按照哲学对象来构建哲学理论体系,那么可以把它看作由一总(即研究整个世界一般本质和普遍规律的本体论哲学)、二分(即自然哲学和社会哲学)构成的知识体系。自然哲学包括物理哲学、化学哲学、宇宙哲学、自然辩证法等分支。而社会哲学也即广义的社会哲学,它包括历史哲学、人类哲学和中义的社会哲学,中义的社会哲学则由文化哲学(文艺哲学、宗教哲学、科技哲学、语言哲学……)、狭义社会哲学(经济哲学、政治哲学、法律哲学、管理哲学……)所组成。广义的社会哲学也可称为普通社会哲学(或一般社会哲学),其他社会哲学则可称为分支社会哲学。① 根据上述对一般哲学内容的规定,儒家哲学大致应包括儒家自然哲学、历史哲学、道德哲学、人类哲学、文化哲学、经济哲学、政治哲学、法律哲学、管理哲学、宗教哲学、教育哲学等。由邵汉明等主编的《儒家哲学智慧》(吉林人民出版社 2005 年版)也对

---

① 参见拙著《社会哲学》,山东人民出版社 2001 年版,第 4—5 页。

儒家哲学进行了全面的梳理，把儒家哲学分为儒家政治哲学、自然哲学、认识哲学、人生哲学、道德哲学、历史哲学、教育哲学、艺术哲学、军事哲学十个方面。

对于儒家哲学的主要特征，前贤已做了大量有价值的分析与概括，我认为它大致表现在以下几个方面。

一是社会性。在某种意义上可以说，儒家哲学即是社会哲学，这一点，南开大学已故中国哲学史家刘文英教授早已指出。尽管儒学体系中并没有排除对宇宙自然的沉思，如天道学说，但是，一则儒家对天道的追问是为了推演人道及社会历史的常道常理，二则儒家往往把自然之天伦理化、人道化、社会化，三则儒家致思的重心与进路主要放在对人伦政治与理想社会的构建上。历代儒家不断提出各种有关经济的、政治的、社会的或伦理的观点，孔、孟、荀先秦儒家阐发了仁政德治、轻敛薄赋、礼乐教化、安邦定国等政治制度与施政原则，汉代经学也提出了社会体制之学，因而儒家哲学从总体上表现为社会政治哲学。

二是人文性。作为一种弱宗教人学或强人文文化，儒家哲学不同于西方文艺复兴时期与正统神学和中世纪宗教相颉颃的强世俗化人文主义，而在不否定神文的前提下致力于人生哲学的阐释。在价值世界与现实世界的关系上，儒家哲学呈现为内在超越型，而区别于西方外在超越型。在天人关系上，儒家哲学在"天人合一"主题上辩证地认识到天人分立，并把人道置于天道之上。儒家哲学的人文性质还表现在：在致思方式上侧重于直观、体验、顿悟等人文学方法的运用；在对人的文化心理结构的思考方面，偏重于情感、信念、理想等非认知方面而忽视生物本能、欲望及理知层面；致力于伦理型知识的探寻，不大追求纯粹的知识论体系；缺乏科学理性精神，而人文精神较为发达，等等。儒家哲学的主体形态是人学。正如杜维明所指出的，儒学一定意义上就是人学。作为中华文化的主干与核心，儒家哲学源远流长、博大精深，其中最主要的包括两个方面：一是政治哲学思想。历代儒家人物提出了大量关于国家与社会的治道、政道、为政之道等政治智慧。二是人学思想。儒学提出并阐发了极为丰富的有关人生哲学、人生哲理等人生智慧思想。这其中最引人注目的是儒学所提出来的关于为什么要做人、做什么样的人以及如何做人等人学思想。从哲学上说，儒家所阐发的做人思想深刻揭示了做人的意义、目的、理想、途径、方法等为人之道，它展现了人为何存在、向何存在、怎样存在等涉及人的生存与发展问题。在儒家看来，真正的学问就是学做人，从某种意义上说儒学就是为人之学，其理论的基本旨趣就是讲述做人的道理。历朝历代儒家人物把主要精力放在对心性、天人、情欲、身心、境界、修养、生死、待人、处世等人的根本性问题思考上。

三是伦理性。这一点可以从以下几个方面进行理解：首先，儒学本质上是一种以家族主义伦理为核心的道德哲学，由《四书》《五经》所凸显出来的根本命题就是以伦理为本位，以成就圣贤、君子、大丈夫、大人等道德人格为旨归，从而展现出泛伦理主义的思想倾向；其次，儒家道德哲学在整个儒学体系中内容最丰、创获最大、影响最具，它最为广泛地阐述了诸如仁、义、礼、智、信、诚、孝、亲、敬、忠等伦理范畴，深刻地提出了仁者爱人、忠恕而行、见利思义、诚以待人、孝亲为大、和而不同、存理灭欲等道德规范，其伦理学说对儒家文化圈乃至西方世界产生了很大影响；再次，儒家把伦理推及于整个社会生活领域，尤其是儒家哲学致力于政治伦理化与伦理政治化，在为政之道上，它强调"德治"和"礼治"，强调外王必须立足于内圣，强调齐家治国平天下应以诚心正意修身为根基。

四是直观性。作为生长在中华民族国度里的本土哲学，儒家哲学自有其特有的治学传统、思维模式、文化土壤与社会基础。与西方哲学注重于知识性的论证和概念性的思辨不同，儒家哲学具有以下独特的性格：（1）儒家哲学实践理性发达，侧重于生活实践，极力倡导人的圆善智慧与待人处世之道这类现实品格修行，追求知行合一、学行合一，因而可名之为生命的学问。（2）儒家哲学的运思方式凸显直观性与模糊性，讲究随机点拨，注重运用自己民族特有的符号系统与言、象、意之辨，经验直观地去把握和领会对象的底蕴，强调感悟、直觉与体知，而不太注重概念的清晰性和逻辑性，尽管儒家也大量运用如阴阳、动静、心性、善恶、理气、一多、内外、常变等哲学对偶范畴，对宇宙人生的常道常理进行理性思考，但缺乏概念的逻辑推演。（3）如果说西方哲学侧重于强调主客二分的两极思维模式的话，那么儒家哲学则更加注重天、地、人、物、我之间的相互感通与整体和谐，强调天、人、物、我主客身心的相依相待与相济相成，致力于把天与人、身与心、自然与名教、个体与整体、生命与意境有机结合起来。（4）儒家哲学宗教性特征较为明显。在传统中国社会，儒学虽然不是严格意义上的宗教，但它承担着宗教的功能，可以视之为准宗教和亚宗教。尽管子不语怪力乱神，并提出"未知生，焉知死""未能事人，焉能事鬼"等论断，后世儒家也较为排斥道佛等宗教，但是在儒家哲学思想体系中也容纳了一些天命论、神道论等宗教神学内容，特别是宋明理学吸收了道家、佛家等宗教义理的内容，况且，儒家也提出了一些类似于宗教教义、用于指导人安身立命的终极关怀和道德信仰思想，这些都表明儒家哲学具有宗教性特点。

二　重建儒家哲学的必要性和可能性

自从中国哲学学科创立以来，中国哲学的合法性就遭到一些人的怀疑与否定。进入21世纪，中国哲学合法性重新被提了出来。在中国哲学合法性危机的语境下，提出重建儒家哲学是否必要与可能，是一个值得深思的问题。

我认为，重建儒家哲学具有极其重要的意义，这主要表现在以下三个方面：

一是有助于丰富与完善中国哲学体系。儒家哲学尽管是从属于中国哲学的三级学科，但它是主干，具有悠久的历史性和丰富的多样性，历代儒家根据特定的思想传统、文化资源、社会条件与历史背景推动着儒家哲学的发展。在先秦，儒学即为显学，儒家学派就成为中国哲学思想史中最重要的学派。儒学以强势的道德意识及政治理想成为贯穿中华民族历史的主流价值观。儒家的创始者孔子教导"为仁"的原理以后，各个时代的儒家学者都对人类自我修养及超越的可能提出各种设计，他们所共同承认并以此为基础而发展其本身的思想观点，即是通过这些人类自身由内而外的工夫修养，追求并达到儒家理想的社会政治体制和文化理想。原始儒家是继承中华远古文明思想而来，并特别重视国家社群的维护及个人修养的实践。先秦儒学的理论重点在于思想生活化的落实（如孔子的《论语》与儒家社会哲学精神之提出，孔子的礼乐教化思想，及孟子的行仁政观点等）。简言之，《论语》标出圣人境界的理想，《孟子》说出修养工夫哲学及性善主张的人性论观点。《中庸》明确提出化天道为有德的德性本体论主张，而《易传》即基于上述的德性思想而提出宇宙论世界观。汉儒在解经的过程中加入了当时的科学知识所提供的宇宙论观点，强调天人的互动性。汉以后儒家理论衰微，中国哲学思想的主要课题转向道家与道佛两教的宗教哲学之中。北宋五子的出现，反映了整个时代的精神生活文明已回到儒家本位中来。儒学发展至当代，当代新儒家熊十力、牟宗三、唐君毅等哲学家在经历西方哲学挑战之后重建理论体系，成为当代中国哲学发展中最具有创造力的一套哲学思想，现代新儒家的哲学思想如新理学、新道学等本身就构成了儒家哲学的现代形态。同时，加强对儒家哲学的研究，不仅可以为马克思主义哲学和西方哲学的研究提供参照系、精神动力和思想资源，还可以为中国哲学各分支学科的发展提供思想素材、知识背景与方法规范。

二是有助于推动儒家哲学事业的发展。对儒家哲学文本进行创造性解读与分析，可以为儒家哲学重建提供丰富的思想资源。现有的儒家哲学研究也存在着许多薄弱环节与问题：除邵汉明等人编著的《儒家哲学智慧》之外，对儒家哲学进行系统化、体系化的研究论著还比较少；对儒家许多二线思想家哲学思想的挖掘还有待于进一步开拓；有关儒家哲学的一些范畴、命题、概念、观点也没有真正做到客观的认知与真切的把握，例如《论语》中的"仁"字到底是否是"人"字的误用还存在很大的争议。为此，儒家哲学的重建工作就成为一个较为迫切的时代课题。虽然中国大陆学者把儒家哲学作为信仰体系来加以倡导和构建的人不多，但是把儒家哲学研究作为终身职业却被越来越多的人所接受，而这本身即有力地促进了儒家哲学的发展。

三是为当代人提供人生智慧、道德规范、行为指导和精神动力。儒家哲学并不是无用的、过时的哲学，它对于当前的社会发展与个人发展都具有现实作用。这主要取决于以下两点：首先，儒家哲学具有普世性。对儒家哲学普世性的品格，中国社会科学院李存山先生做了系统阐发。我认为，儒家哲学之所以具有普遍性特质，是因为儒家哲学虽然生长在中国传统的自然经济和小农经济基础之上，然而它所要面对和解决的问题如天人、身心、善恶、己他、公私、义利、贫富等，在当代仍在困扰哲人心智；无论是古人还是今人都具有共同的实践结构、社会关系结构和社会环境结构，这些反映到哲学思想中来，使得传统儒家哲学的思想内容在当代仍具有借鉴和启发作用，仍可以为当代人更好的生存和发展提供人生智慧、行为规范和精神动力；哲学的最大特点就在于传承性、抽象性和普遍性，为儒家哲学所创造和运用的各种哲学范畴与原理仍然可以为当代人进行合理的思维和实践活动提供世界观背景和方法论规范。其次，儒家哲学具有丰富性。儒家哲学历史悠久、博大精深、学派林立——孔子之后，儒分为八，从纵向上看，儒家哲学也经历了先秦儒学、汉代经学、魏晋玄学、宋明理学、清代朴学以及现代新儒学等不同的发展形态，这些都为儒家哲学宝库增加了丰富的思想内涵。如前所述，儒家哲学包含着对自然、社会、历史、人生、文化、教育、科技、法律、政治、道德、管理等众多问题的形而上思考，提出了多种多样的哲学命题、哲学范畴与哲学观点，这些至今仍闪耀着真理的光辉，仍是值得吸取的宝贵精神财富，如儒家的民本思想、忠恕之道、礼让情怀、仁义精神、天地境界、诚信观念、求实风格、经世思想、权变态度、中庸方法、贵和理念等，对于现实人生导向与社会理想构建都具有普遍的指导意义。

那么，重建儒家哲学具有多大的可能性呢？

第一，儒学思想体系中包含着大量的哲学知识。在今天，许多人主张要远离乃至抛弃儒家哲学的研究范式，而专注于中国儒家思想；有的主张应从儒家哲学回归到儒家研究，以对儒家经史子集的研究代替儒家哲学研究。我认为，对儒家思想与儒家经学的研究，既无必要也无可能排斥对儒家哲学的研究，这两方面可以并行不悖、共同发展。要知道，在儒学体系中，本身就包含着极为丰富的哲学思想。在我看来，任何对自然、宇宙、人生、文化等对象领域根本性与普遍性问题（本原、规律、过程、结构等）进行概念、逻辑、理性和抽象式思考、体念与追溯，都可以构成为哲学。按此理解，不仅儒家对一些普遍性概念、理念、范畴的探讨是一种哲学，而且儒家对一些社会人生大课题的思考也可以成为哲学。就辩证法而言，儒家哲学的主体内容不是自然辩证法，而是社会历史辩证法、人生辩证法和实践辩证法。既然传统儒家所提出来的哲学思想已成为既成性的事实，那么以此为对象和基础进行儒家哲学重建工作就具有先在的前提与条件。况且，儒家哲学作为生成性的开放事业也处在不断的发展过程之中，特别是现代新儒家所创建的哲学新形态为我们重建儒家哲学提供了现实的资源。

　　第二，近代以来许多哲学家、哲学史家对儒学进行了深入研究。早在20世纪初，梁启超不仅提出了"儒家哲学"概念，而且对此进行了较为系统的整理，胡适的《中国哲学史大纲（上）》、冯友兰的《中国哲学史》、张岱年的《中国哲学大纲》都涉及了儒家哲学问题，例如胡适的《中国哲学史大纲（上）》专门探讨了孔子的哲学思想。新中国成立以后出版的各种中国哲学史论著，都把儒家哲学作为主要内容进行阐述，并对孔子哲学、孟子哲学、荀子哲学、二程哲学、阳明哲学进行了分门别类的研究。纵观近百年来儒家哲学的研究，大体呈现出以下情形和特点：（1）儒家哲学得到了不同层面与维度的研究，既有立足于中国哲学通史和断代史角度对儒家哲学的重塑与重构，其代表性著作有冯友兰的《中国哲学史新编》、任继愈主编的《中国哲学发展史》、冯契的《中国古代哲学的逻辑发展》等，以及从专题方面对儒家哲学进行研究，其中有葛荣晋的《中国哲学范畴史》、张立文的《中国哲学范畴发展史（天道篇)》、张岱年的《中国古典哲学概念范畴要论》、方立天的《中国古代哲学问题发展史（上、下)》、庞朴的《儒家辩证法研究》等；还有从儒学学术或儒家文化维度展开对儒家哲学的研究，如赵吉惠等的《中国儒学史》、刘蔚华等主编的《中国儒家学术思想史》、姜林祥主编的7卷本《中国儒学史》等，同时还有直接从儒家哲学思潮、人物、文本、断代史、专题方面进行探索，如梁启超的《儒家哲学》、兰自我的《孔门一贯哲学概念》、蔡尚思的《孔子哲学之真面目》、杨大膺的《孔子哲学研究》、杨荣国的《孔墨的思想》、胡适的《戴东原的哲学》、邹化政的《先秦儒家哲学新探》、杨泽波的《孟子性善论研究》、李景林的《教养的本原——哲学突破期的儒家心性论》、刘宗贤的《陆王心学研究》、董根洪的《儒家中和哲学通论》等。（2）儒家哲学研究呈现阶段性特点。20世纪初，胡适、冯友兰等人开创了儒家哲学的新事业，进入 20 世纪 20 年代以后，随着西学的传入，人们纷纷从科学主义、人文主义、马克思主义角度研究儒家哲学，实现了儒家哲学研究的现代转换。从科学主义经验论哲学角度研究儒家哲学的代表人物是胡适，而立足于人文主义思潮探讨儒家哲学的代表人物是梁漱溟，借用马克思主义唯物辩证法模式研究儒家哲学的代表人物是范寿康。新中国成立以后，从 50 年代到改革开放之前，儒家哲学研究侧重于在马克思主义理论范式下得以进行，并主要从唯物主义与唯心主义、辩证法与形而上学角度探讨儒家哲学的内容、作用、性质、地位、属性等问题，这一时期，儒家哲学研究的开创性成果并不多，只是在资料和文献方面有了一些新进展。改革开放以来，儒家哲学研究逐渐呈现出繁荣的局面，不仅拓展了儒家哲学研究的新领域、新问题，系统化理论化的儒家哲学研究成果不断涌现，儒家哲学研究水平也不断提高，儒家哲学还参与到与西方哲学、马克思主义哲学的对话与交流当中。儒家哲学研究的重点，既涉及孔孟荀哲学，也涉及董仲舒、朱熹、王阳明哲学，而儒家人生哲学、道德哲学、心性哲学、价值哲学等成为关注的焦点。应当指出，中国儒家哲学研究一直以来主要采用西方哲学（马克思主义哲学在一定意义上也是一种西方哲学）的概念、范畴、命题、原理进行分析、诠释、重构，这虽然带来了简单化、片面化、去本土化等弊端，但是毕竟为儒家哲学研究提供了较为合理的理论研究框架，使研究者能够较好地揭示、澄明儒家哲学的概念、命题、学说中的内在理论意蕴，赋予它可以理解、讨论的形式，并进一步激发当代儒学工作者的哲学沉思[1]，同时，为我们提供了极为丰富的儒家哲学研究成果，有力地推动了儒家哲学研究事业，从而为我们进一步重建儒家哲学打下了良好的学术基础。

第三，儒家哲学的丰富多样性为我们重建儒学提供了可能。毫无

---

[1] 杨国荣：《中国哲学：一种诠释》，《天津社会科学》2004 年第 1 期。

疑问，按照现代学科分类体系，对儒学分别进行哲学、文学、政治学、社会学、经济学、史学、伦理学、美学等方面的研究，难免有断章取义、削足适履、片面割裂等局限性，但是一则儒家思想体系内容极为庞杂丰富，包含着多种学科的内容，它为我们从不同学科角度进行研究提供了理论基础，二则作为认识主体，儒学研究者具有抽象能力、分析能力与理论建构能力，完全可以从儒家思想中剥离出哲学思想加以专门研究。儒家哲学的研究并不排斥从一般高度对儒家思想的探讨，也不排斥对儒家经史子集的传统研究方式，完全可以把多种对儒学的研究方式有机整合起来。

三 重建儒家哲学的基本方略

为了更好地重建儒家哲学体系，从而更有力地促进儒家哲学的现代发展，应采取以下几种方略。

第一，深入挖掘儒家文献与儒家思想中的哲学内涵。儒家经典文本是传达儒家哲学思想的重要载体，要实现儒家哲学的重建必须对儒家文本进行客观的理解与科学的解读，做好小学功夫，要在训诂的基础之上深刻揭示儒家哲学的丰富义理，尤其是要对新发现的儒家地下考古资料如荆门竹简与上博竹简进行认真解读。由于儒家哲学思想同其他思想往往融为一体，因而既不要将一些非儒家哲学思想纳入儒家哲学对象域之中，又要防止对儒家哲学思想的遗漏。

第二，不断丰富儒家哲学研究者的理论素养。要对儒家哲学进行深入、客观、科学的探索，既要有深厚的国学修养，又要具备西学知识背景，同时也要对哲学的基本原理有较好的把握与了解，这就要求从事儒家哲学的研究者要注重培养立体式的、多方面的哲学涵养与知识储备。现代新儒家之所以能够在儒家哲学研究方面有创造性的贡献，就在于他们不仅有中学的底蕴，还具有西方哲学的涵养。

第三，从不同的理论层面加强儒家哲学研究。我们既要立足于中国哲学史这一二级学科背景把儒家哲学作为重要的组成部分加以研究，还要从儒家哲学的思潮、人物、文本、专题、通史、断代史等角度进行深入的研究。应当说，现有的儒家哲学研究成果在专门性方面有了相当的进展，如对儒家的心学、理学、气学、礼学、仁学等的研究已经出版了大量的有分量的论著，但是也存在着许多不足。正如北京大学教授陈来先生所指出的，我们对宋代张载和明清之际王夫之的思想仍然没有真正理解。为了更好地推进儒家哲学研究事业，就要儒家自然哲学、历史哲学、道德哲学、人类哲学、文化哲学、经济哲学、政治哲学、法律哲学、管理哲学、宗教哲学、教育哲学等。

第四，采用不同的理论范式。首先要运用各种人文社会科学如社会学、文化学、政治学、经济学、人类学等理论成果，对儒家哲学进行实证考察与理论探索，例如我们可以利用社会学的研究方法做到"知人论世"，深入探讨儒家哲学发生发展的历史渊源、社会背景、历史作用、主要内容等问题。其次，要采用西方哲学新的理论成果对儒家哲学进行新的诠释与解读。这几年，许多学者运用西方现象学、解释学的范式对儒家哲学进行了认真探讨，提出了一些很有价值的儒家哲学新形态，如成中英的本体诠释学、黄玉顺的生活儒学等。再次，采取不同的理论范式和路径对儒家哲学进行多角度的探讨。存在的就是合理的。一百多年来，中国学者采用西方哲学的模式研究儒家哲学取得了丰硕的成果，这一点具有相当的合理性与现实性，在目前西方文化成为强势文化的背景下，对这种研究范式不应加以简单否定。当然，我们也应该倡导"我注六经"、回归元典的经学致思模式，对儒家哲学进行"内在的理解"与"客观的呈现"①。

---

① 陈来：《"中国哲学"学科的建设与发展的几个基本问题》，《天津社会科学》2004年第1期。

除上述之外，我们还应具有世界性的眼光，把儒家哲学作为世界哲学的重要构成部分来加以研究，努力促进儒家哲学与西方哲学、马克思主义哲学的互动、互释、互渗，在本土化与全球化的双极之间保持必要的张力①，努力推动儒家哲学为世界哲学做出贡献。

---

① 郭齐勇：《中国哲学：保持世界性与本土化之间的必要的张力》，《天津社会科学》
2004 年第 1 期。

目　录

绪　论

有效地把节能设计和（在生产、使用和处置过程中）对环境影响最小的材料结合在一起，并保持了生态多样性的建筑，就是生态建筑。

——［英］布莱恩·爱德华兹

中国建筑是一部展开于东方大地的伦理学的"鸿篇巨制"。

——王振复

不只是身体，灵魂也需要一个栖息。

——［美］卡斯腾·哈里斯

要使你的行为后果有利于保持地球上人类真正的生活。

——［美］汉斯·约纳斯

当前，经济全球化的浪潮席卷世界各地，而随着经济的发展，城市化的进程越来越快，建筑活动顺理成章地驶上了快车道。无论是新兴的城市建筑还是拆旧建新的老城改造，都无法回避一个根本的问题——如何确立适宜于可持续发展的建筑理念。因为建筑从来都不是孤立的存在，建筑和自然、人文、伦理、上层建筑等都有着不可分割的联系，建筑是人类给历史和现实刻上的烙印，建筑把过去、现在和将来连接在一起，正如法国伟大作家雨果所说"建筑是石头的史书"。

建筑离不开环境,建筑和环境的关系是互为依存的,既要最大限度地减少对生态环境的不良影响,又要使建筑本身和所处环境相辅相成、相得益彰,使建筑使用者得以在平衡的"生态建筑"氛围中舒适地生存、生活,这是建筑最基本的功能。另外,随着人类社会的发展、文明程度的提高、文化生活的丰富,建筑逐步超越了其基本功能而融入了人文伦理的色彩,成了象征和凸显某种社会结构、意识形态、政治制度的无言的载体,建筑本身升华为一种理念,成了"伦理学的'鸿篇巨制'",蕴含了丰富而凝重的文化色彩,逐渐形成一种系统或体系,也就是建筑文化。当这种文化上升到一定的高度,并渗透影响社会发展的各种宗教、哲学流派中,进而形成一种建筑理念并赋予建筑实践,建筑便成了"灵魂的栖息地",并左右着"地球上人类真正的生活"。

中国建筑,在和世界上其他民族、其他地域的建筑既平行发展又相互交叉中,逐步形成了自己独特的风格和特色。在千百年的演变发展过程中完成了致用、目观、比得、畅神的成熟和升华,在这种升华中,荟萃成具有系统而又底蕴深厚的建筑文化,如一棵枝繁叶茂的参天大树,深深的植根于这片广饶而肥沃的土壤。在经济高速发展、新城市涌现、老城区改造的浪潮中,追求眼前功利、漠视传统文化、非洋不取的浮躁心态使得乱建、重建成风,严重违背建筑学规律,破坏生态平衡,使中国的现代建筑走向越来越窄的死胡同,既丢掉了中国建筑的特色,也引发了一系列人为的自然灾害,从而不得不承受大自然的严厉惩罚。在全球化和文化趋同的大势下,如何保持自己的民族建筑特色,并使中国建筑重新获得生长的空间,焕发蓬勃生机与活力,是迫切需要解决的问题。这正是本研究获得启迪和灵感的背景和源泉。

一　研究背景

(一) 中国古建筑的地位

在中国五千年的悠久历史中,劳动人民创造了光辉灿烂的华夏文明。而华夏文明中，最美的奇葩之一就是古建筑文化。

中国著名的建筑学家梁思成在他的《我国伟大的建筑传统与遗产》一文中说道：

> 历史上每一个民族的文化都产生了它自己的建筑，随着这文化而兴盛衰亡。世界上现存的文化中，除去我们的邻邦印度的文化可算是约略同时诞生的兄弟外，中华民族的文化是最古老、最长寿的。我们的建筑也同样是最古老、最长寿的体系。在历史上，其他与中华文化约略同时，或先或后形成的文化，如埃及、巴比伦，稍后一点的古波斯、古希腊，及更晚的古罗马，都已成为历史陈迹。而我们的中华文化则血脉相承，蓬勃地滋长发展，四千余年，一气呵成。①

中国的古建筑文化博大精深，"在古代以中国为中心，以汉式建筑为主，传播至日本、朝鲜、蒙古和越南等国，形成了别具一格的'泛东亚建筑风格'"②。最基本的特征有以下几个方面：一是审美价值与政治伦理价值的统一；二是植根于深厚的传统文化，表现出鲜明的人文和谐理念；三是具有很强的综合性和总体性，即每一个建筑群是一个有机整体，每一单座房屋也构成一个完美的艺术整体。概括地说，中国古建筑有以下五种基本风格：第一，庄重、严肃的纪念性风格，富有象征内涵；第二，建筑造型、尺度都富有底蕴；第三，主次分明、主体形象突出、组合丰富、讲究搭配的和谐；第四，造型简朴、亲切宜人，与生活密切结合；第五，空间变化丰富，形式不拘一格，自由委婉。中国古典建筑，无论是从建筑本身，还是其所体现的

① 梁思成：《我国伟大的建筑传统与遗产》，《文物参考资料》1951年第2卷第5期。
② 李少林：《中国建筑史》，内蒙古人民出版社2006年版，第1页。

伦理观和价值观，都堪称世界建筑或建筑文化中的精粹。

中国文化成长于中国本土自己的新石器文化之上，不受外来干扰而独立地发展，很早便达到了十分成熟的地步。从公元前15世纪左右的铜器时代直至最近的一个世纪，在发展的过程中始终保持连续不断、完整和统一。

中国建筑就是如此方式的中国文化的一个典型的组成部分，很早便发展成它自己独有的性格，这个程度不寻常的体系相继相承地绵延着，到了20世纪还或多或少地保持着一定的传统。就是这种连续性，当然并不是任何真正的古物，有助于造成独一无二的中国文化的要旨。①

例如，与北京故宫、承德避暑山庄并称中国三大古建筑群的孔庙，是一组具有东方建筑特色、规模宏大、气势雄伟的古代建筑群，被古建筑家称为世界建筑史上"唯一的孤例"，1961年列入世界文化遗产名录；还有始建于西周宣王时期（前827年至前782年）的山西平遥古城，1997年被列入世界文化遗产名录。中国古建筑在人类的文明史上写下了光辉的篇章，和欧洲建筑、伊斯兰建筑构成了世界三大建筑体系。

中国古建筑既是华夏民族的也是世界的建筑文化瑰宝。"中国建筑既是延续了两千余年的一种工程技术，本身已造成一个艺术系统，许多建筑便是我们文化的表现艺术的大宗遗产。"② 它已形成一个基本系统的艺术体系，又承载着我们的文化传统、伦理观念和艺术风格。当我们回顾这些的时候，就会看到，中国古建筑传承在中国历史

---

① 安德鲁·博伊德：《插图本世界建筑史》第1卷，中华书局1975年版，第31页。
② 梁思成：《中国建筑史》，中国建筑工业出版社2005年版，第2页。

上也有着致命的痼疾。纵观中国历史朝代的变迁，不难看出有一个令人痛心的现象，那就是一个时代过去，另一个时代继起，多因主观上失掉兴趣，或客观上的需要，便将前代伟创摧毁或进行面目全非之改造。尽管这样，中国传统建筑还是在朝代更迭、文化摧毁等不利因素中，一步一步地发展到今天，成为我们民族、我们国家甚至世界的伟大历史文化遗产。

中国古建筑文化底蕴深厚，其内涵和外延融汇了中国传统文化的方方面面。从某种意义上来说，已经超出了纯建筑文化的范畴，"中国古代建筑与古代宗教观也有密切的联系"[①]。尤其是在东汉年间，佛教自印度传入中国渐渐被改造并世俗化后，被中国古代哲学家消化和吸收，使中国古代"社会—人—自然"的观念形态有了相对完善的自圆其说，也就在建筑文化中鲜明地体现出来。魏晋南北朝时期，建寺造塔之风大盛，从形制上看，几乎所有寺院都由多进院落式的空间和中轴线形式组成，与儒教的孔庙、道教的宫观和官府的衙署、住宅等相差无几，充分体现佛教的中国化建筑与文化高度融合的现象。

另外，中国古代许多优秀的建筑出自无名匠师之手，其艺术表现大多是不自觉的师承及演变的结果。虽然为世界留下了许多奇迹般的实物，但在理论上却很少为其创造留下解析或研究的文献。这与我国各代素无客观鉴赏前人建筑习惯有关。事实上，艺术创造不能也不应该完全脱离以往的传统基础而独立，正如一棵树不能脱离它的根本而生长、一座高楼不能没有地基而高耸一样。任何一种创新，都是建立在传统的积淀之上的。我们要发展现代中国的建筑文化艺术，就不能不研究和探讨中国古建筑的伦理观念、文化特征、艺术风格和社会价值。

由此可见，中国古建筑给中国的传统文化观、道德伦理观、宗教

---

① 沈福煦：《中国古代建筑文化史》，上海古籍出版社2001年版，第9页。

观都奠定了深厚的基础。尽管后来不可避免地渗透进了某些西方建筑理念，但其独立的地位不可动摇，其和谐的理念更是成为建筑文化艺术中的精华。

"历史经验是'未来创作'的一个重要源泉，任何体系的建筑都同样担负这一任务。因为中华民族的文化较为长远、广博和深厚，如果我们真正打开中国建筑'意匠'的宝库的话，它珍贵的历史经验肯定会对整个建筑的'未来'产生更大、更多的贡献。"① 要想发展现代建筑、民族建筑，就有必要汲取古代建筑的精华，这正是古建筑的地位所在，也是我们研究古建筑文化的意义所在。

（二）现代建筑的危机

> 房屋的本质是由这样的公式而决定的；
>
> 一件可抵抗风、雨、热所引起破坏的遮蔽物。
>
> ——亚里士多德

"建筑"这个名词经常出现在日常生活中，《辞汇》对建筑的注解是："筑造房屋、道路、桥梁、碑塔等一切工程。"据此，我们可以对建筑的本质得出狭义和广义两个基本定义。就狭义来说，建筑所考虑的课题是以"房屋"或"建筑物"为中心。正如本书开篇题记所言，建筑的本意是提供人们适合居住与活动的屋舍。而"广义的建筑则包含所有人类居住环境"②。"广义的建筑就是我们的环境，它是一个整体，一个环环相扣，而且必须由小到大紧密配合的层次关系（hierarchy）。"③ 建筑离不开周围的地质环境、生态环境、地理环境

---

① 李允鉌：《华夏意匠——中国古典建筑设计原理分析》，天津大学出版社 2005 年版，第 15 页。

② 刘育东：《建筑的涵意》，百花文艺出版社 2006 年版，第 7 页。

③ 刘育东：《建筑的涵意》，百花文艺出版社 2006 年版，第 9 页。

和人文环境。换句话说,建筑不会孤立地存在。它和外部环境条件有很大程度的相关性,既受外部环境的影响,也影响着外部环境。以下实例足以说明这一点。

由香港中文大学建筑系邹经宇等三位教授通过试验室电脑模拟模型分析,利用流体学理论,对引发数百人感染"非典"的陶大花园环境进行一个月调查研究之后,于5月4日公布的研究成果指出,陶大花园 E 座爆发大规模 SARS 传播的原因之一,是由于楼与楼之间布置及设计不当,形成"风闸效用",使得天井座内的空气横向流动非常缓慢,从而加剧了病毒的传播。研究报告指出,由于陶大花园 E 座和 F 座之间的狭窄距离,加上刮东南偏东风,导致两座楼宇之间产生大约 3 至 5 秒的快速气流,并急速地掠过 E、F 座之间,形成一堵风墙,造成"风闸效用",因此无形阻拦了 7 号和 8 号室之间仅 1 米的天井,使得天井内空气的横向流动非常缓慢。这样,排放至天井中的微细水珠如果含有病毒,便会徘徊不散,只能上下流动,增加了进入其他楼层的机会。①

2010 年 8 月 7 日 22 时许,甘南藏族自治州舟曲县突降强降雨,县城北面的罗家峪、三眼峪泥石流下泄,由北向南冲向县城,造成沿河房屋被冲毁,泥石流阻断白龙江、形成堰塞湖。据中国舟曲灾区指挥部消息,截至 21 日,舟曲"8·8"特大泥石流灾害中遇难 1434 人,失踪 331 人,累计门诊人数 2062 人。②

……

国土资源部副部长汪民日前表示,2010 年是自新中国成立

---

① 赵玮宁:《香港建筑学家称风闸效应导致淘大花园非典爆发》,《新闻晚报》2003 年 5 月 6 日第 4 版。

② 巩治永:《直击甘肃舟曲泥石流现场》,《济南时报》2010 年 8 月 8 日第 1 版。

以来地质灾害发生起数最多的一年。据汪民介绍，今年1月—10月，全国共发生地质灾害30466起。其中，造成人员伤亡的有379起，造成10人以上死亡、失踪的有19起。[①]

近几年来，由于建筑所造成的自然灾害不时见诸报端，可见建筑与其所处环境之间关系的重要性。漠视建筑与环境之间的协调、平衡关系，就可能引发难以想象的灾难，其严重性已经深深地影响了人们的生存。

"建筑的内涵不仅要反映时代精神，也要对当地的自然条件与风土人文做出适当的回应，这方面的因素主要是顺应气候、地形和居民的生活方式，而产生自然而然的回应。"[②] 这就注定了建筑必须和谐地融入气候、地形和居民的生活方式等外部环境之中。

当我们明确了建筑与环境密不可分的关系后，我们不能不看到不愿看到的问题，即环境污染、生态失衡问题。当然，一提到这两个问题，人们想到更多的是"核冬天"的恐怖、"温室效应"的灾害、"厄尔尼诺现象"的频繁出现以及生物多样性锐减、大气污染、水污染、水土流失、土地荒漠化、酸雨等显性现象。而往往忽略的是现代建筑对环境的隐性影响。其实，"环境是指围绕人的全部空间及其中一切可以影响人的生活与发展的各种天然的与人工改造过的自然要素的总和"。[③] 建筑作为人类的全部居住和活动空间，是人类所必然居住的自然环境，数量、材质、选址、布局、形制、色彩等都直接或间接地影响了周围环境。环境容量是有限的，环境要素是稳定的，建筑对环境容量利用不能超过极限，对生态要素的开发也不能破坏其稳定性，否则，就会造成环境污染和生态失衡。现代建筑如何合理使用有

---

① 韩增禄：《自然灾害与建筑选址》，《中华建筑报》2010年11月16日第1版。
② 刘育东：《建筑的涵意》，百花文艺出版社2006年版，第30页。
③ 盛国军：《环境伦理与经济社会发展关系研究》，博士学位论文，中国海洋大学，2007年，第1页。

限的资源，保持生态要素的稳定性是问题关键所在。

从表 0 - 1 可以看出，我国土地资源短缺，人地矛盾突出。随着经济的发展，我国非农业用地逐年增加，人均耕地将逐年减少，土地的人口压力将越来越大。改革开放以来，随着经济实力的增强，住房需求能量被大量释放出来，房地产建筑成几何倍数的增加。特别是自2006 年以来，房地产过热，在巨大的经济利益驱动下，全国各地住房建设如雨后春笋般遍地增长。各省（区、市）的地方政府各自为政，乱批、乱建现象时有发生。"环境问题的实质，一是人类经济社会活动索取资源的速度超过了资源本身及其替代品的再生速度，二是向环境排放废弃物的数量超过了环境的自洁能力。"① 建筑资源也是如此。这种无序的、一窝蜂似的建筑风潮不仅使整个国家陷入了资源

表 0 - 1　　　　　　中国土地资源排位情况　　　　（单位：公顷）

是美国的15.1%，加拿大的7%，澳大利亚的3.9%，俄罗斯的12%，印度的60%

	总量	比例（%）	位次	我国人均	世界人均	比例（%）
国土面积	960		3	0.784	2.32	33.5
耕地	1.30	9.5	4	0.106	0.236	45
林地	2.28	5.5	5	0.186	0.717	26
草地	2.66	7.8	2	0.217	0.589	37

资料来源：刘黎明主编：《土地资源学》，中国农业大学出版社 2001 年版，第 128 页。

---

① 盛国军：《环境伦理与经济社会发展关系研究》，博士学位论文，中国海洋大学，2007 年，第 1 页。

枯竭和环境污染的危机，而且带来了难以计数的次生资源浪费和破坏，比如大量拆迁带来的建筑垃圾，大量开采建筑材料带来的山体破坏和森林砍伐，不合理的建筑设计和布局造成的资源和土地浪费及传承文化的流失，匆忙上马的"豆腐渣"建筑造成的非安全隐患。同时，对文化遗产的破坏，对自然风景区的摧残也达到了前所未有的程度，既直接或间接地污染了社会环境、自然环境，又导致了严重的生态失衡。在某种程度上造成了不应有的建筑危机——环境污染和生态失衡。

人类社会走向文明，文明的重要标志之一就是美好的情感。可现代社会的飞跃发展，尤其是现代建筑的所谓高技术、高科技化，某种程度上泯灭了作为人类文明重要因素的美好情感。技术的自然属性，决定了人在改造自然的过程中，难以控制地对自然资源的无节制运用，这种"无节制"将导致自然物种的破坏、环境污染、水资源污染，客观上破坏了人与自然的和谐关系。另外，由于技术的社会属性，技术受到不同地区、不同民族、不同社会制度、不同技术水平差异的制约，从而导致了另一种不和谐，即前文提到的人类美好情感的泯灭，这可以分为两个方面：第一，不同层次的建筑技术所造成的不同层次、不同环境下的人与人情感的淡漠，使建筑变成了人与人隔绝、隔膜的障碍物，比如鳞次栉比的高楼大厦，坚固厚重的钢筋水泥，隔绝了人与人的交流和沟通，相逢对面不相识，甚至同住一个楼门也"老死不相往来"，人类大脑在各个方面高度进化，但人与人之间的美好情感却在逐渐缺失；第二，现代建筑本身的多元化发展和机械、单调的建筑空间及建筑造型的批量复制，造成了单一的、均质的甚至雷同的建筑和城市，导致城市的特征和文脉的断裂，使建筑文化丰富多彩的多样性逐渐衰微乃至消失，使生动的"石头的史书"和"凝固的音乐"变得枯燥、乏味，失去了灵性和美感，泯灭了其意象中所产生的情感，如巴黎的蓬皮杜国家艺术文化中心（见图0-1）

也因"缺乏情感"的问题而饱受诟病。

美国社会学家约翰·奈斯比特说:"从强迫性向高技术与高情感相平衡的转变。"他认为:"技术越高级,情感反应也就越强烈。我们必须学会把技术的物质奇迹和人性的精神需要平衡起来。"事实是,现代建筑在很大程度上背离了这个方向,从建筑本身和建筑功能上破坏了这种平衡,泯灭了这种情感。

图 0-1　乔治·蓬皮杜国家艺术文化中心

自然资源是有限的,环境承受力也是有限的,所以可再生资源的开发也不能是无限度的;现代建筑技术在飞快地发展,我们不能阻挡建筑技术的进步,但建筑技术的进步不应以损害和泯灭情感为代价。我们的建筑设计理念必须建立在科学、协调的基础上。"设计者必须正确把握物相、事相和人之心相。"① 也就是说,我们必须把握建筑、社会和人的平衡关系,必须明确"建筑是为人而不是为

---

① 陈喆:《建筑伦理学概论》,北京电力出版社 2007 年版,第 8 页。

物"，建筑必须为适应人的需求服务，建筑应该成为人类灵魂的精神憩园。从表层来看，现代建筑危机是建筑实物本身造成的，而实质是建筑理念和价值观问题从中作祟。归根结底，环境污染、生态失衡、情感泯灭等问题是人的问题，是人的建筑理念与环境关系不协调的结果。

（三）和谐建筑观——发展的必然

现代建筑的危机已经明显地暴露在面前，而且这种危机几乎已经成不可逆转的趋势，威胁着人类的生存环境、生活环境。这就迫使人类从观念上和实践中关注建筑与自然、与人类和社会的关系。树立和谐的建筑观，将成为发展的必然。

"建筑是人与人、人与城市、人与自然的中介，作为城市的主要组成，其文化取向当然应该与它所处的城市、环境相协调。优秀的建筑应该促进人与人的和谐、人与城市的和谐、人与自然的和谐。"[①]和谐建筑是随着人类对赖以生存的自然界不断濒临失衡的危险现状所寻求的理智战略与策略，而和谐建筑观则是实现上述战略与策略的理论基础，实质上就是科学发展观，即可持续发展观。

在中国传统文化中，"和谐"是一种上下协调，内外有序的状态。和谐的本质是协调不同的人和事并使之均衡，是不同的事物之间的协和一体，并使各个不同的事物都能得到发展，形成新的事物。毋庸置疑，中国古代建筑的和谐理念，对于现代建筑的借鉴意义，是非常重要的。"时空观念作为人们把握物质存在的一种思维方式，是客观物质世界现象在人类头脑中综合反映的结果。"[②] 古人由于对大自然中种种现象的不理解，还有内心深处的那种恐惧，促使他们尽量地

---

① 张锦秋：《和谐建筑之探索》，《建筑学报》2006年9月，第9—11页。
② 刘月：《中西建筑美学比较研究》，博士学位论文，复旦大学，2004年，第29页。

去依随和顺从大自然，这个顺从表现在时间上，不敢和季节相违抗，空间上尽量地迎合自然。而"建筑是划分空间的艺术"①，空间之于建筑，非同寻常。那么对于这种空间的迎合从客观上就完成了一种建筑和自然的和谐，而这种和谐经过千百年来的检验，证明是有百利而无一害的。一般来说，凡与建筑有关的，大都是供人类生活居住和活动使用的场所。这种场所又关系到建筑与建筑的空间，建筑与自然的空间，建筑与人的思维观念的空间。在处理这些空间的关系中，我们都应把握一个最佳的、各要素之间均衡与协调的"度"，也就是一种关系和比例，从而产生和谐建筑与和谐建筑观。

从和谐的机理来看，"和谐"还包含了两者或多者之间的对立和斗争，这也是客观存在本身不可避免的，即事物本身往往是矛盾的，而最终以和谐的方式来解决，达到一种平衡。"在中国古代儒家和道家文化中，'天'、'地'、'人'并称为'三才'，在'三才'之后加个'和'，形成'天地人和'。'天地人和'，是世界最宝贵也是最美好的状态——'天人合一'。"② 正是这种天地和谐、天人和谐、建筑与自然的和谐，才构成了一种难得的平衡。事实是，平衡才能发展，和谐才能进步，换言之，和谐是发展的前提，平衡是进步的要素。现代建筑之所以发生了问题：环境污染、生态失衡，其根本原因是违背了我们必须遵循的和谐的规律，导致了现代建筑与自然、与人、与社会量的失衡，质的失本，也就必然受到惩罚。正如恩格斯所说："我们不要过分陶醉于人类对自然界的胜利，对于每一次这样的胜利，自然界都对我们进行报复。"

因此，我们应该彻底摒弃"征服自然、改造自然、掠夺自然"的错误观念和"杀鸡取卵"的愚蠢做法，纠正那些忽视人的存在、

---

① 刘月：《中西建筑美学比较研究》，博士学位论文，复旦大学，2004年，第29页。
② 李君如：《社会主义和谐社会论》，人民出版社2005年版，第11页。

忽视人的现实生活、忽视人的情感活动而单纯追求技术化的不良倾向。当然，建筑活动中单纯地反对现代技术也是不可取的，人类生活的情感不应该凭着对理性的压制而获得。法国作家福楼拜曾经预言："越往前进，艺术越要科学化，同时科学也要艺术化，两者在基底分手，回头又在塔尖结合。"所以，我们必须明确艺术和技术、艺术和科学和谐发展的规律，把握现代建筑和人与自然、人与人及人的情感和谐发展的规律；也应该清醒地认识到，是人们自己把自己领进了前进的死胡同，导致发展停止，甚至无路可走。要想改变这种状况，就要汲取古建筑文化理念的精华，遵循自然事物客观存在的基本规律，坚持和谐建筑发展观以求得现代建筑之殇的化解，和谐建筑观也就成了发展的必然。

二 研究概况

（一）研究现状和成果

"建筑是人类文明进步的标志物，是在一定地理区域内、受一定历史时期的政治、经济、科技、文化、民族、宗教、艺术等多方面因素影响的综合体。"[①] 与其说是人类创造了建筑，倒不如说是建筑文明了人类——建筑是人类走向文明的标志。建筑既反映了社会经济、印证了历史进程，又蕴含了科学技术、融汇了文化艺术。随着时代的发展和人类社会活动的拓展，人们越来越意识到建筑对于人自身的重要性，建筑文化对于人类的未来和发展的重要性，尤其是中国古建筑悠久的历史和深厚的底蕴，越来越引起人们的兴趣和关注，因此研究中国古建筑和古建筑文化成为整个世界文化艺术研究领域的一个重要分支。

---

① 左国保等：《山西明代建筑》，山西古籍出版社 2005 年版，第 5 页。

古往今来，无数学者和专家分别从不同层次、不同角度对中国古建筑及古建筑文化进行资料整理、理论分析、探讨、研究、挖掘和创新。值得一提的是近代对中国古建筑的研究，是从 18 世纪中叶英国人钱伯斯（W. Chambers）开始的，他所著的《中国的建筑设计》一书，系统介绍中国的建筑和园林，引发了中西方一些学者对中国研究的兴趣。此后，英国人弗格森（J. Fergasson），在其著作《印度与东方建筑史》中引用了一些中国古建筑的文献和实物。其间，零零星星也有很多西方学者对中国古建筑的文献和资料涉猎，但主要局限于砖石和生土的塔、石窟等，对中国木构建筑的涉及却甚少。从 19世纪 40 年代始，以英国人李约瑟《中国科学技术史》为代表，开始了对中国古建筑进行高水平、全方位的研究。

我国老一辈学者如梁思成、林徽因、刘敦桢作为中国古建筑研究的先驱，以一种中国人研究中国建筑的使命感和自尊感，以深厚的国学根基，从史料的收集、艺匠的寻访、追根溯源，将中国建筑文化的发展史，理出了一个基本头绪，初步建立了中国古建筑的研究体系，架构了中国古建筑的艺术脉络与审美价值取向，成为中国传统建筑文化研究的拓荒者和奠基者。继以梁思成、林徽因、刘敦桢为核心的第一代中国古建筑研究学者之后，出现了以南京的潘谷西、郭湖生，北京的傅熹年、杨鸿勋为代表的中国古建筑研究的第二代学者群，进一步拓展和深化了梁、林、刘等所开创的研究事业。至此，中国古建筑文化的研究进入了比较繁荣的时代，以吴良镛院士为代表的一批学者经过对中国古代文化的研究，完成了《中国古建筑文化研究文库》《中国古代建筑文化》等（共 32 本）优秀著作。

他们将研究的触角伸向了中国古建筑文化的许多方面，但概括起来，大致可以分为：从技术和艺术层面的建筑美学研究；从继承、演变和发展层面的史学研究；从建筑与人，建筑与自然关系层面的建筑伦理学研究等几个角度。

1. 美学角度

如果说建筑之父是技术，那么建筑之母就是美学。建筑从最原始的单一使用目的——遮风避雨开始，就在不断的技术改造和完善中进行，随着人类智慧的发展和社会的进步，建筑逐渐由单一的物质使用升华到艺术美感，由单一的艺术美感深入诸多方面的审美内涵与外延。

20世纪20年代，一批留学生学成返国，他们既有国学素养，又接受了西方建筑学系统训练，其代表人物有朱启钤、梁思成等，他们组织了著名的民间学术机构"中国营造学社"，开创了中国人研究自己建筑遗产的新局面，以实物和文献相互印证的科学方法，系统研究了中国建筑史，编辑发行了专业杂志《中国营造学社会刊》，整理出版了《营造法式》等建筑古籍。《营造法式》从某种意义上看，是中国古建筑美学的集大成者，其涉及的美大致有三类：艺术美，主要表现为雕塑与彩画；社会生活美，涉及礼制、宗教习俗，这些精神性的东西在建筑上物态化了；科学技术美，建筑的各要素无一不是科学的体现，同时又具有观赏性，即"美"，比如书中所谈的斗拱，它的实用功能是承重，但又具有一种特别的形态，给人以美的愉悦。

梁思成、刘敦桢门下的学者中，傅熹年、莫宗江、罗哲文等就对中国建筑空间与造型的艺术规律从美学的角度做出了理性的判断，对中国古代建筑的艺术内涵和外延之美有了深刻的探讨和理解。由萧默担纲，十多名青年学者合著的《中国建筑艺术史》从艺术美感角度诠释了中国建筑艺术及其演变。

复旦大学美学研究中心王振复教授《建筑美学笔记》中认为，孔子时代之前的宗庙建筑文化现象是一个历史的"根"，深刻地影响了儒学诞生后的"茎"，即后代宗庙建筑文化的历史发展。同时认为建筑与文化和美是深刻互联的，对中国传统建筑的艺术性、哲学性和美以及人文情结、民族审美作了透辟的叙述。"建筑形式犹如历史老人正蹒跚脚步，那浓得化不开的古老气息，令人骤感现代生活的快速节奏拨慢了，整个心灵因而沉寂宁静，深切体验到一种古代生活的韵律。"① 在这里，作者对于中国古建筑美的探讨达到了一种物我统一、回归历史的审美意境。

侯幼彬的《中国建筑美学》，从四个方面论述中国古建筑的美：第一，从中国古建筑的木结构体系分析其历史渊源和发展推力，提出了"综合推力说"；第二，从中国古建筑的构成形态和审美意匠进行阐述，探讨了中国建筑的"基本型"，对单体建筑的构成形态以及庭院式组群的空间特色和审美意匠做了较细致的分析；第三，从中国古建筑所反映的理性精神进行论述，阐述了中国建筑的"伦理"理性精神和"物理"理性精神；第四，对中国古建筑独特美学问题——建筑意境，进行了专门论述，借鉴接受美学的理论，阐释了建筑意象和建筑意境的含义。

2. 史学角度

刘敦桢《中国古代建筑史》与梁思成《中国建筑史》两部建筑史著，初步架构了中国建筑发展的历史体系，为我们确立了中国建筑文化的基础文本叙述框架和中国古代建筑的历史文脉。

刘敦桢先生系统地叙述了我国古代建筑的发展和成就，其对古代哲匠的研究，对六朝建筑装饰与当时社会的关注及其影响的探讨，奠定了我们今天研究中国古建筑的基础；梁思成先生从中国古建筑实物特征分析及各个时代建筑活动解析入手，在历史上第一次把中国建筑史学纳入了系统科学研究的领域，以历史文献与实例调查相结合的方法，揭示了中国古代建筑的设计规律、技术要点，总结出中国建筑的成就和各时代的主要特征，其著作是早期中国建筑史学研究的一座里程碑。

---

① 王振复：《建筑美学笔记》，百花文艺出版社 2005 年版，第 55 页。

李少林的《中国建筑史》，探讨了中国建筑从古代建筑艺术的发展成熟到现代建筑传统风格的形成，又借鉴西方建筑的艺术特色，古为今用，洋为中用，兼容并收，不断发展。提出了近代建筑风格变化的主线——新内容、旧形式和中外建筑形式的结合。

台湾学者叶大松的《中国建筑史》上、下卷，用中西建筑比较的方法探讨中国古建筑的历史发展；汉宝德的《斗拱的起源》《明清建筑二论》以现代建筑史观和方法解析中国古代建筑主要命题；香港学者李云鉌撰写的《华夏意匠——中国古典建筑设计原理分析》从建筑设计的角度以论代史，这些著作，都在学术界引起了较为强烈的反响。

目前对于中国建筑史的研究，更重要的是探讨中国古代建筑究竟是怎样以及如何建造成我们今天熟知的这个样子的问题。但是，有一个事实不可忽略，由于现存历史建筑实例极其缺乏，研究比较关注现有的建筑实例本身，而对历史上的建筑现象还没有作整体的考虑，而且，对于那些与建筑相关联的社会历史现象也往往被忽略，不能不说是研究中国建筑史的缺憾。

3. 伦理学角度

关于建筑活动中的伦理问题，东西方学者都有不同程度的研究。古罗马建筑学家维特鲁威在《建筑十书》中，首次将礼仪列为六项理论原则之一，他认为，只有建筑的体宜处理才是符合礼仪的，也就是符合道德的。他将建筑的体宜处理上升到伦理的高度，并依次提出了建筑的道德问题，说明了古典美学中美和善不可分割的原则；意大利文艺复兴时期的建筑家阿尔伯蒂在他的《建筑十书》中提到了美德的培养，提到了建筑从业者的职业道德问题，建筑师的美德将驱使建筑师从大自然的深入解读中寻找他的工作原理和规则，其关键概念是"和谐"，文章中提到了建筑的整体和局部都应该像自然一样和谐。20世纪的后现代主义德国哲学家马丁·海德格尔在《关于建筑和安居的思考》中指出：安居的真正困境不在于房屋短缺，而在于人们是否了解了安居的本质，也就是必须了解怎样安居。他提出了建造的目的，建筑发展的终极目标——隐含着建筑的哲学思考，对建筑需要作出伦理的反思。

在中国传统文化中，建筑与伦理关系的论述很多。中国古代崇尚自然，尊崇自然的朴素之美，"智者乐水，仁者乐山；智者动，仁者静"。① ——人的道德修养"智"与"仁"比作山水之美；"故为之雕琢刻镂，黼黻文章，使足以辨贵贱而已，不求其观；……为宫室台榭，使足以避燥湿、养德，辨轻重而已，不求其外。"② ——把"养德"与建筑美相联系。著名的"伍举论美"："夫美也者，上下、内外、小大、远近皆无害焉，故曰美。若于目观则美，缩于财用则匮，是聚民利以自封而瘠民也，胡为之美?"③ 建筑美学上升到伦理道德问题，是古代圣哲对中国传统文化的巨大贡献。

近年来，很多学者从建筑、建筑使用者、建筑设计者及建造者的道德意识方面探讨建筑的功能和价值，把建筑学和伦理学交叉在一起进行研究，也因此产生了一门新的学科——建筑伦理学，其目的是探讨建筑发展的终极目标，揭示人与建筑的关系、构建现代建筑伦理学的理论框架，揭示建筑和伦理之间的内在联系，反思建筑发展与建筑实践中的伦理问题，探讨符合当今中国社会的建筑伦理原则和规范，为建筑的可持续发展提供理论支持。

现代建筑伦理学的研究，涉及可持续发展的理念。其公平性、持续性和共同性三个基本原则的根本问题就是伦理问题，促使现今在建筑学中应用伦理学的快速发展。随着对建筑伦理研究的深入和现代建筑某些弊端的凸显，对中国建筑文化的研究开始注重实践，注重对其

---

① 冯兆平：《先秦儒家与中国古代医学的养生思想》，《上海师范学院学报》1983 年第 3 期。

② 《荀子》，安继民注译，中州古籍出版社 2008 年版，第 153 页。

③ 《国语·楚语上》，曹建国、张玖青注说，河南大学出版社 2008 年版，第 321 页。

环境性能的探讨，尤其渗入了可持续发展理念，特别注重古建筑在适应气候及自然环境方面的研究，且已取得了一定的成果。例如，西安建筑科技大学绿色建筑研究中心针对陕北高原窑居建筑的可持续发展进行了深入、系统的研究，其中王竹教授提出了窑居建筑的"地域基因"概念，王鹏教授在夏季热环境实测结果的基础上，总结出了徽州民居的遮阳为主、自然通风为辅的气候策略。这些研究成果从不同的角度为建筑伦理学的发展奠定了基础。

哈尔滨工业大学侯幼彬教授在《中国建筑美学》中探讨了中国古建筑的"伦理"理性精神，即中国古建筑所呈现的突出礼制性建筑、强调建筑等级制和恪守"先王之制"，束缚创新意识的现象和中国建筑的"以物为法"，强调因地制宜、因材致用、因势利导的"贵因顺势"传统；沈福煦教授在《人与建筑》和《宗教·伦理·建筑艺术》中，把建筑与伦理的关系分为两个层面：狭义和广义，前者指伦理概念在建筑中的形象反映，后者是指伦理观的流变与建筑发展之间的关系；秦红岭撰著的《建筑的伦理意蕴》，从三个层面即精神层面、文化层面和应用层面论述了建筑深刻的伦理意蕴：建筑表现出的丰富的精神特质，使人们意识到建筑与房子之间不是简单的等号，建筑作为一种存在方式和精神秩序，能够给人提供一种在现实生活中真实的"存在立足点"，使人类孤独的、无所依赖的心灵有所安顿。这些研究，推动了中国建筑伦理学的进一步发展和创新。

无论是西方学者研究的建筑发展的终极目标，揭示人与建筑的关系，把建筑的体宜处理上升到伦理的高度，还是古代学者把建筑美学上升到伦理道德问题，抑或现代建筑伦理学的研究所涉及的可持续发展理念，其目标都指向了人与自然、人与社会、人与人之间的和谐关系。

（二）借鉴与创新

综上所述，尽管中国古建筑文化的研究起步较晚，但近现代的学者们已经充分意识到其重要性，并且开始注意从不同的研究角度和方向进行突破，大大丰富了中国古建筑文化的内涵与外延，比如从美学角度的艺术美、社会生活美、科学技术美，内容分别涉及雕塑与绘画、礼制与宗教习俗、实用的科学性和观赏的愉悦性，进而升华到哲学性、人文情结等。史学角度的研究，则更为深入，分别涉及建筑史、建筑文化史、建筑艺术史，尤其注重了建筑实物、实例调查和历史文献的结合，从而归纳出设计规律、设计风格的形成和流变，对中国古建筑的纵向发展和横向分布分别予以探讨和研究，逐步形成了中国古建筑和古建筑文化的理论研究体系。同时，深入探讨建筑与道教文化、儒教文化、佛教文化的渊源和内在联系，把建筑文化和中国传统伦理观念之间的脉络关系进行深入揭示，把建筑的体宜处理上升到伦理的高度，把建筑美学上升到伦理道德问题，进而涉及现代建筑可持续发展的理念。

通过对中国古建筑文化研究现象和现状的梳理归纳可以看出，尽管许多专家学者各有自己的研究方向且有不同的突破，在自己的研究中不同程度地涉及了建筑与自然、建筑与人文的和谐关系，也有不少新成果、新观点面世，但由于我国古建筑文化深入研究起步稍晚，一些学者的研究仍然停留在对历史文献和现象的解读上，很少有人对这种极为重要的建筑理念进行更深层次的挖掘和综合性研究，西方学者虽然在研究中用新的哲学观念探讨建筑和伦理的深层关系，但与我国国情尚有差异。

本书受上述研究思路的启发，尝试从跨学科的角度，综合史学、美学、伦理学等，从中国古建筑文化纵向发展轨迹和横向的不同点、面研究和分析中国古建筑的类型、特征、历史文献、建筑实物、传统建筑技术中所蕴含的朴素生态环境观方面，解读中国古建筑"朴素自然"的建筑实用意识、"理性"和"秩序"为内核的规范特征、"兼容并蓄"的胸怀，探讨人与自然、人与人、人自身的和谐关系的形成和发展的文化轨迹，挖掘并借鉴其中的合理成分，探求中国古建筑及古建筑文化的出路，试图构建现代建筑发展的基本框架，为现代建筑的可持续发展提供有益的帮助。

三 研究方法和基本思路

（一）研究方法

我国历史悠久、地域广阔、民族众多、不同的气候和地理环境、不同的民族文化和风俗形成了传统建筑的区域性和多元化，这就为建筑和建筑创作提供了丰富的源泉。其建筑的形式、分类、构造、色彩也就门类众多，其研究对象也就繁复冗杂、形态万千。本书从和谐理念形成的文化背景入手，立足于人与自然、人与社会、理想与现实的协调关系，分析古建筑各种语言及功能特征等，并辅以具体的建筑实物加以探讨；从建筑风格和设计理念上凸显不同建筑类型的个性，进而归纳出其共性——和谐。

本书从建筑学、美学、史学、伦理学、生态学等多学科交叉的角度，以建筑与人、建筑与自然、建筑与社会的关系为线索，理论探讨和实证研究相结合，回溯历史，立足现实，展望未来，汲取古建筑、古建筑文化中的精华，着眼于解决现代社会、现代建筑中的生态失衡、环境污染，为绿色建筑与经济化、传统建筑与现代化、民族建筑与全球化提供理论基础和思想指导。

（二）研究基本思路

本书共分六章，第一章从中国古建筑和谐理念形成的文化轨迹入手，从其产生的历史脉络、植根的地理环境、依托的经济基础和社会结构多个方面阐述中国传统建筑文化"和谐"思想形成渊源；第二章从古建筑朴素自然的建筑实用意识——人与自然的和谐关系的分析开始，侧重阐述受道家理论影响的人与自然和谐关系在不同的建筑元素中（如选址、布局、数字、质地、色彩等）的体现，解析古建筑和自然之间的关系；第三章从尊卑有序的建筑伦理观念——人与人的和谐关系分析，侧重阐述受儒家礼制影响的人与人的和谐关系在建筑功能中的体现，如在都城（宫殿）、民居及礼制（墓葬）建筑等的体现，解析建筑与建筑之间的关系所反映的人与人的关系；第四章从古建筑融汇升华的建筑理想理念——人自身的和谐关系分析，侧重阐述中国化的佛教意蕴影响下的人自身的和谐关系在佛教建筑中的体现，解析佛教建筑中国化的特征，凸显中国古建筑出世与入世的完美结合；第五章从中西方古代建筑和谐理念比较分析，建筑的"天人合一"与"神人合一""人人以和"与"物物以和"及"身心以和"与"神心以和"方面的和谐理念比较中，突出中国古建筑和谐理念的独特性；第六章从构建现代建筑和谐发展的基本框架分析，绿色建筑与经济发展、传统建筑与现代化及民族建筑与全球化的角度论述中国古建筑和谐理念的价值意义以及中国建筑文化的出路和发展。

四　研究目的和意义

（一）研究目的

任何一门学科的研究，严格地说，都不应该是孤立的，因为一门科学或学科孤立地存在，就失去了必要的支持而大为逊色。建筑理论、建筑文化的研究亦是如此。如果我们把建筑仅仅看作"建筑"，那我们的研究就进入了走不通的死胡同。本书力求从中国古建筑文化和不同宗教的相互影响、不同时代的演变发展、不同地域的异同互补，多层次、多维度的融汇结晶中，解析其共性——和谐理念，力求从美学、史学、伦理学、生态学、环境学多角度探讨建筑文化，同时从古建筑与人文、古建筑与自然、古建筑与社会的关系来阐述"和谐"的内涵及其重要性。

对于古建筑文化的研究，也绝不停留在古建筑文化本身，探讨其内在的底蕴和规律，寻找其对于现代社会、现代建筑的可借鉴、可弘扬、可继承之精华，去其粗而取其精，食其古而壮其今，以疗救现代建筑所遇到的种种弊端，促进建筑与自然、与人之和谐——亦为本研究的目的。

（二）研究意义

研究中国古建筑的和谐理念，建立科学发展观，具体来说，我们可以从理论意义和实践意义两个方面展开讨论。

1. 理论意义

中国古建筑和中国传统文化一样，同样有着悠久的历史和优良的传统。和西方建筑略有不同的是，由于中国特殊的历史条件和社会制度，在漫长的封建社会中，建筑师的社会地位如同理发师，他们的创造不被人们看好，在千百年的传统意识里，他们仅仅就是下苦力的建筑工而已。尽管他们用非凡的智慧和灵巧的双手创造了许许多多美好的建筑艺术品，但仍然处于默默无名的状态，也难以留下系统的理论著作。"中国的特殊历史条件使中国的建筑理论成为一种'隐型'的体系，甚至可以说是'集体的无意识（或潜意识）'"[①]，以至于我们今天尽管看到不少的优秀古建筑物，但却不能系统地从理论层面上认识它、解剖它。不能不说是一种遗憾。而更重要的是，由于上述原因，很多凝聚着古人智慧的优秀古建筑，因此遭到毁坏而失传。

"中国的建筑理论体系是'隐性'的这一特点，也与中国的学术体

---

① 白晨曦：《天人合一：从哲学到建筑——基于传统哲学观的中国建筑文化研究》，博士学位论文，中国社会科学院，2003 年，第 15 页。

系所具有的特征相关，人们常常说，中国人重综合而轻分析，因此不仅在科学技术方面吃了亏，而且使各种学术领域的体系性不强。"① 这种不足，首先影响了理论研究的深化，其次影响了这一学科研究的整体性、条理性。比如，作为世界最古老文明的载体——汉语，是世界语言文化当中最优美、最丰富的语言之一，可是其语法体系竟然借用了英语。所以系统地研究、探讨古建筑文化体系，对于发掘、弘扬中华民族瑰丽的建筑文化遗产具有重要的现实意义；从理论上探讨人类营建活动的意义、目的和手段，使"隐性"走向"显化"，构建中国古建筑的理论体系，对建筑理论开拓与发展就具有了重要的理论意义。

第一，为建筑学科的发展提供理论体系框架。

人们的创作活动，从来就不是盲目的，这些未见之于文献的理论，我们不能说它们不存在，只是需要靠后世去挖掘和总结。而这种挖掘和总结，就是我们为建筑学科的发展提供理论体系框架的过程。建筑的一般原则和活动规范，在现代科学技术支撑下的现代建筑具有工具性的特点。现代建筑的快速发展，需要一种规范，一种体系，一种理论支持，只有这样，才能健康、有序、可持续发展。人类现代生活的富足与生存危机并存：一方面为人们提供便捷舒适的物质空间，另一方面却导致人们精神世界的空前失落，并且人们的物质享受还是建立在资源和环境不可持续利用的基础之上的。建筑活动和学科的发展，不仅必须有某些信念和观念，更要有某些原则和规范。而这种原则和规范，就是理论体系框架。

第二，为构建具有民族特色的中国建筑文化提供理论依据。

毋庸讳言，正如上文所述，中国建筑历史悠久、建筑成就辉煌，但建筑理论研究起步较晚，甚至还没有真正形成自己完整的理论研究

---

① 白晨曦：《天人合一：从哲学到建筑——基于传统哲学观的中国建筑文化研究》，博士学位论文，中国社会科学院，2003 年，第 15 页。

体系以至于当代西方现代建筑各种思潮理论、流派如洪水般涌入，"食洋"求化，"食古"不化，"国际式"文化取代地域性民族文化的现象，导致了城市的特征和文脉的断裂，建筑环境的趋同，建筑文化的多样性逐渐衰微、消失。地区性的传统建筑文化面临着严峻的挑战。

我国有着极为优秀的古建筑，长城、故宫、西安城墙、平遥古城等是中华民族地域传统文化的标志和骄傲，享誉全球。有着这么优秀的古建筑，却没有自己系统的建筑文化研究体系，不能不说是中华民族的遗憾。在相当长的一个时期内，建筑界对中国文化传统采取历史虚无主义的态度，尤其在不少建筑师中，崇洋甚于鉴古，盲目照搬西方现代建筑风格、建筑主题，妄自菲薄，不重视研究自己本土历史建筑文化，错误地认为传统建筑已经不适合现代的形势发展，甚至认为继承发扬传统的创作不能体现时代精神，等等。

凡此种种，既有历史的原因，也有现实的困惑，究其根源，是我们中国古建筑文化研究体系的缺失，使我们的建筑文化成了无本之木，因此，培育中国建筑文化之木，使之立于世界建筑文化之林，创建有中国特色的、独立的建筑理论体系迫在眉睫。而要创建自己的理论体系，就必须要深入挖掘中国建筑文化的内涵和本质。中国建筑文化的突出内涵是"和谐"，"和谐"包罗万象，博大精深，梳理中国建筑文化的脉络，凸显其"和谐"理念的实质，正是本书研究的意义所在。

第三，为可持续发展的科学发展观提供理论支持。

可持续发展观是迄今为止最为科学的发展观，是当今人们说得最多的话题，无论是国家、社会、民族还是经济、文化、科技都在追求"可持续"。作为和人类生存、生活，以及社会、自然、生态密切相关的建筑和建筑文化，更是离不开可持续发展，因为在可持续发展观的理论指导下，人类才能实现可持续的生存。传统发展观指导下的人类发展是不可持续的，不合乎人类的发展目的。传统发展观是建立在文艺复兴和启蒙运动所确立的"人是自然界的主人""知识就是力量"——征服自然、改造自然、掠夺自然的力量等理论基础之上的。传统发展观指导下的发展给人类带来巨大的成就，最直接的表现就是巨大的物质生产力和堆积如山的物质财富。但是，这种成就的取得是建立在对自然界的过度征服之上的，它造成了人与自然关系的紧张，也造成了人与人之间关系的紧张。这种急功近利、杀鸡取卵、以自然为征服对象的发展观，严重违背了自然规律，破坏了人与自然、人与环境的和谐，片面遵循生产力至上的逻辑，颠倒了发展手段与发展目的，导致了一系列问题的发生。可持续发展也包括处理人与自然的关系，但它是在与自然和谐相处的条件下、在自然界的承受能力范围内去处理。可持续发展状态下的人与人应该是和谐相处的，因为只有人与人和谐才能真正实现人与自然界的和谐。

基于以上原因，本书力求从建筑与自然、建筑与人、建筑与社会、建筑与生态平衡等诸多角度阐述一种和谐的建筑理论观念，以求在建筑文化、建筑理念方面建立新的研究体系，为可持续发展的科学发展观提供理论支持。

2. 实践意义

第一，"古为今用"——基于和谐理念之上的现代建筑可持续发展。

几千年以来，我国劳动人民凭借其智慧和地大物博的自然财富，从自然环境中获取灵感，以朴素的顺应自然的生态观和最简便的手法创造了宜人的聚居环境，形成了"庭院式的组群布局、轴线的空间艺术和'天人合一'的建筑环境"等一系列独具中国特色的传统建筑模式。在经历了自然进化、社会变迁和文化的洗礼所带来的选择和淘汰后，以一种平和的、低耗能的建筑理念影响着现代高科技建筑。

不论是儒家的"上下与天地同流"[①]，还是道家的"天地与我并

---

① 《孟子》，万丽华、蓝旭译注，中华书局 2010 年版，第 217 页。

生，而万物与我为一"①，都把人和天地万物视为统一体，视为不可分割的共同体，从而形成一种主观力量，促使人们去探求自然、亲近自然、开发自然。在这种美学思潮的影响下，人们处理建筑与自然环境的关系不是坚持与大自然对立的态度，用建筑去控制自然环境；相反，而是遵循亲和的态度，结合自然、结合气候、因地制宜、形成了丰富的心理效应、超凡的审美意境和具有中国传统文化特色的哲学理念——"和谐"，从而形成使建筑和谐于自然之中的环境态度，进而形成建筑与社会、建筑与人的和谐关系。几千年来，古建筑的文化价值和伦理价值一再被哲学家们所研究和肯定，被称为"巅峰性的艺术成就""世界的年鉴"和"石头的史书"。

事实证明，现代社会中某些人的建筑理念和实践是有很大弊端的，是不可持续的，不合乎发展规律的，而我们要改变的是那些人类在和自然界博弈中取得一点胜利后的狂妄自大的观念和"人定胜天、人是万物的主宰"等错误思想。人类要把自己放在和自然平等的地位上，把自然万物当作人类最亲密的朋友与它们和谐相处。不要把自己的成就感建立在对自然界、对他人的过度征服之上，因为这样会造成人与自然关系的紧张、人与人关系的紧张，进而发展为人与社会关系的紧张。其表现就是一些"全球问题的产生"。归根结底，违背了一个和谐的规律，打破了天地万物的平衡，也就阻滞了可持续发展之路。

优秀的中国古建筑在适应当地气候，维护生态平衡，体现建筑与人、建筑与自然、建筑与社会和谐关系等方面均有可借鉴之处。中国古建筑及其理念是中华民族经过几千年的实践、思考、积累、沉淀，又历经时间、地域，抑或经受各种自然灾害、气候变迁等检验而凝聚成的建筑文化瑰宝。研究、整理、探讨并在现实中予以借

---

① 《庄子》，安继民、高秀昌译注，中州古籍出版社2008年版，第39页。

鉴、使用无疑能给我们以有益的启发和帮助。在现代高科技建筑给人们带来"全球问题"等一系列副作用的同时，古建筑和谐理念的"古为今用"也就成了发展的必然。当然，对古建筑的借鉴不是对其几千年前的生产力低下的技术的重复，而是去伪存真、去粗取精，对其革命性的再创造。中国古建筑的建筑意识也具有自身的缺点，因此必然存在一种"优胜劣汰"的进化过程，存在一种"新陈代谢"的发展过程。在这个过程中，不断推陈出新，提炼和改造传统技术，融汇现代先进技术的养料，因地制宜、逐步完善，形成合理的时空顺序和秩序，使其更能适应现代生活和可持续发展的需要。同时，中国古建筑合理的、具有生命力的"和谐理念"也为现代建筑提供创作之源。

当前，中国正处在一个经济快速发展和房地产发展"过热"时期，不同利益集团的利己行为、弱势群体的生存质量问题、环境和能源的可持续发展问题、不同阶层及由能源问题引起的国与国之间的矛盾冲突和协调发展问题都不同程度地映射在建筑活动之中。建筑的可持续发展观点越来越引起人们的关注，"可持续建筑"成了人们热衷的话题。可持续建筑是物质、精神、技术、社会等多方面内容的统一结合体，是建立在中国古建筑"和谐"精神之上的现代建筑发展之目标，也就是一种"和谐"的科学发展观。

现代建筑的可持续发展应该是既满足当代人的需求，又不损害后代人需求的一种发展，是合乎人类根本利益与长远利益的发展。"可持续发展并不意味着要与历史割裂，而是历史在当代的延续和再认识。"① 在现代高科技化建筑力量已经成为一个不可回避的发展趋势下，用现代的眼光重申中国古建筑的和谐理念是非常必要和迫切的。

① 赵群：《传统民居生态建筑经验及其模式语言研究》，博士学位论文，西安建筑科技大学，2004年，第10页。

当然可持续发展也追求物质利益，但它是以"和谐"为基础的发展，在与自然、人类、社会和谐相处的条件下，在自然界的承运能力范围内去发展现代建筑，其终极目标是营建人类理想的家园——具有高度物质文明和精神文明的家园。

第二，为解决现代建筑的危机指明方向。

进入 21 世纪，科技发展日新月异，楼越盖越高，装修越来越豪华，设计造型精美绝伦的摩天大楼鳞次栉比。山上山下，别墅成群，可以挖煤挖空大地，可以铲平大山，可以把动物赶得无处藏身，可以让最毒的蛇消失，可以让最猛的兽绝迹，可以截江发电，可以填海造城。到处是钢筋水泥的大"模型"，而与这些现代化建筑共生共存的是随处可见的化工废料、横溢的污水及堆积如山的建筑垃圾，还有灰暗的天空、污浊的空气、污染的食物。整个世界，什么都能致癌，什么都能"治癌"。自然灾害频发，癌症、艾滋病各种因化学污染工业导致的职业病成倍增加。

世界各国争相发展，现代化大潮风起云涌。你飞上太空，我奔向月球，你用航母争霸世界，我用原子弹征服地球……究其原因，当今世界人与自然、人与人、人与社会缺少了和谐——其中现代建筑在取得表面丰富成果的同时，更是带来了对自然界的破坏与不协调。近代科技工业文明在赋予人类强大能力的同时，也带来了这种力量的强大破坏效应。在经济利益的驱动下，现代建筑的流行风格在蔓延，混凝土、钢筋和玻璃构筑的大厦，全然不顾地区的自然气候和建立在地区资源基础上的有效适宜的传统技术，建筑与自然之间维系了几千年的朴素关系被截然撕裂，建筑领域技术之上的观念加剧了地区资源的浪费和全球性的能源与生态危机。现代建筑的基本理念是对自然断然蔑视以及对地形、覆土、水流、阳光、空气、森林与绿叶的轻侮，于是造成了现代建筑的多重危机。

人类从走下树、钻进洞、站起来走、穿上衣开始就注定了进化和进步。这是谁也不能阻挡的自然规律。但不能不面对严峻的事实,发展不能以毁灭为代价,进步不应以杀鸡取卵的方式进行。因此,我们要反思,我们不得不重新探讨源于中华文化先贤伏羲、周文王还有至圣大儒孔子等创建的中华文化经典《易经》的"和谐"理念。重新重视对中国几千年文化产生深远影响的人与人、人与自然、人与社会和谐共处理念的重要性。进而把这种理念贯穿应用到现代建筑的实践中去。

在上述背景下,在建筑学的角度下探讨这一理念——"和谐",并用这种理念导引现实中的人类营建活动,对解决当今环境污染、生态失衡等诸多弊端不无裨益。对中华民族,乃至世界大家庭的和平、进步、发展、繁荣、安定都有着重要的现实意义。

第三,汲取古建筑文化的精髓,繁荣和创新具有民族特色的现代建筑文化。

"对于任何一个建筑专业工作者来说,一切传统的和历史的建筑知识都是自己专业的一种。"① 鉴于此,文化传统绝不是呆板的、没有活力地存在于博物馆陈列品和古籍室的线装书,它更多的是活跃于古往今来人的实践活动之中,成为其思想行为模式的重要构成因素。这就说明传承古建筑文化的精髓,对于繁荣和创新我们现代建筑文化的重要性。

今天,建筑可持续发展的观点越来越深入人心,人们热衷探讨和关注的建立在材料和技术基础之上的各种类型的"可持续建筑",在理论和实践上日益成熟和完善,但建筑的可持续发展并非仅仅是一个物质和技术层面问题,还包含着深刻的社会和精神内涵。②

我们从上述两个方面看到了一个隐含在其中的连接,那就是古建

① 白晨曦:《天人合一:从哲学到建筑——基于传统哲学观的中国建筑文化研究》,博士学位论文,中国社会科学院,2003 年,第 16 页。
② 陈喆:《建筑伦理学概论》,中国电力出版社 2007 年版,第 15 页。

筑文化的精髓和建筑可持续发展的内在联系。关于这个问题，我们从两个方面去论述：一是如何梳理和构建从古到今的中国建筑文化体系，二是这个文化体系能独树一帜，和似有大举入侵态势的西方建筑文化相容并立。由于种种原因，中国建筑文化的研究明显晚于西方，但其悠久的历史、厚重的沉淀，使得中国建筑文化与西方建筑文化能够分庭抗礼，尽管现在西学东渐之风盛行，但中国建筑文化渊源之深广，内涵之厚重，使得西方建筑文化难以望其项背，只不过中国建筑文化在其和谐理念方面少了一些系统的探讨和梳理罢了。

中国传统建筑发展到今天，由于几千年来的大一统模式、单一的材料和技术体系使得中国传统建筑同现代化空间模式的衔接举步维艰，对传统的尊重常常限于对建筑外形的模仿，而现代建筑又往往忽略了其所处的现代的人文和自然环境，然而，"人类的建筑活动是相当复杂的，不但涉及到建筑本身问题，而且涉及到建筑与文化、建筑与社会、建筑与自然环境、建筑与商业利益等之间的关系问题。如此复杂的建筑活动问题，并不是每个为生存和发展奔波的普通建筑师都有可能研究和回答的"①。这就需要我们从专业的、理论的高度来探讨和研究中国建筑文化的特色和共性，尤其深入挖掘其蕴含的"和谐"理念，在归纳、整理、归类中探究出规律，在深谙其内涵的基础上予以创新，梳理和构建从古到今的中国建筑文化体系，为中国现在和将来的建筑科学发展提供蓝图。

从一定意义上说，中国传统建筑文化的生存、弘扬与发展，在很大程度上取决于是否保持自己的特色，融汇外来精华即中国建筑文化与西方建筑文化的恰当结合，不仅要"拿来主义"，而且要兼容并蓄。两种文化的关系，不是谁取代谁，不是互相排斥的关系，而应取长补短，相辅相成。这里有一个问题，要想形成这种关系，首先必须

---

① 陈喆：《建筑伦理学概论》，中国电力出版社 2007 年版，第 16 页。

自立，也就是树立起自己的地位，形成自己的特色，这就需要继承，发展古建筑文化中的精华，为中国建筑文化的完善、充实、弘扬铸就坚实的基础，而要做到这一点，就需要我们全面、系统、深入、理性地去发掘古建筑文化的灵魂——"和谐"理念。把中国建筑几千年来的文化积淀、丰富的建筑实践和现代建筑、建筑文化融合、优化、创新，从而使这个文化体系能独树一帜，和似有大举入侵态势的西方建筑文化相容并立，在世界建筑文化之林占据应有的地位，完成中国建筑文化走向现代化、走向世界的神圣使命。

第一章

中国古建筑和谐理念
形成的文化轨迹

"在中国传统文化中，'和谐'是一种不散的精神。在甲骨文和金文中都有'和'字。在中国古代典籍中，'和'被应用到天、地、人之间，无所不在。"① "和"在古汉语中，作为动词，表示协调不同的人和事并使之均衡，如《魏书·萧颐传》中："颐初为太子时，特奢侈。道成每欲废之，赖王敬则和谐。"——"和谐"意指"和好相处"；《晋书·挚虞传》中："施之金石，则音韵和谐。"——"和谐"是指配合得匀称、适当、协调；宋司马光《瞽叟杀人》："所贵於舜者，为其能以孝和谐其亲。"——"和谐"是指和睦协调。

"和"字还可用作形容词，表示"顺其道而行之" "不过分" "内外协调""上下有序""适度均衡"等意义。《广韵》中："和，顺也，谐也，不坚不柔也"；《新书·道术》中"刚柔得适谓之和，反和为乖"，"和"都是适度均衡的意义。

从春秋战国时期起，"和"被作为一个哲学范畴加以研究，许多思想家对"和谐"的本质从不同侧面进行了论述，揭示了"和谐"的价值与机理。《中庸》："喜怒哀乐之未发，谓之中；发而皆中节，谓之

---

① 李君如：《社会主义和谐社会论》，人民出版社 2005 年版，第 1—2 页。

和。中也者，天下之大本也；和也者，天下之达道也。致中和，天地位焉，万物育焉。"——"中和"的境界，便是天地各在其位，万物生长发育之状态，是事物存在与发展的根本规律；"君子和而不同，小人同而不和"①——君子和谐而不盲从，小人盲从而不和谐，此话完美阐释了"同""和"的概念：所谓"同"是完全相同的事物简单相加，没有不同的因素、不同的声音、不同的意见，不产生新的形态、新的东西；而"和"是多种因素的并存与互补，是一种有差异的统一，而不是简单的统一。换句话说，和谐的本质在于统一多种因素的差异与协调。"和"的最高境界就是"万物并育而不相害，道并行而不相悖"。"和"的主要精神就是要协调"不同"，达到新的和谐统一，使各个不同事物都能得到新的发展，形成不同的新事物。"在中国古代，儒家思想把人与社会的和谐统一作为审美理想，它经历了致用、目观、比得、畅神的不断发展与逐渐丰富的过程，并从这四个方面影响着中国建筑的设计哲学。"② 从中，我们可以看到，中国建筑设计理念已经开始被赋予一种道德上的和谐意识，建筑具有了伦理的内容。

"和谐"作为一种从古到今主观上都追求的一种传统理念，其内涵和外延都有着极其深刻的渊源和哲学根基。从《易经》的阴阳和谐到董仲舒的"天人合一"，从古代的"五行学说"到老庄的道德感应，"和谐"的理念一直在国人的意识形态中占据着极其重要的地位。在中国的文化历史中，"和谐"观念成为各家学说共同探讨、研究、发挥的经世"宝典"。

作为阴阳和谐思想起源的儒家重要经典《易经》学说，堪称构建和谐世界的论纲，哺育了一代又一代的经世人才。《易经》以营建"安土敦人"的和谐社会为终极目标，要求人们坚持人己和谐的宽容

---

① 《论语》，何明注释，山东大学出版社 1997 年版，第 102 页。
② 陈喆：《建筑伦理学概论》，中国电力出版社 2007 年版，第 52 页。

心态，维护人与自然和谐相处的生存环境，"易学的'太和观'，就是主张自然界和谐统一，持续发展"。① 从《易经》的创造者及其所生活的时代背景可以清晰地了解这一点。

《史记》云："伏羲至纯厚，作易八卦。"② 据此，可认为，《易经》学说的创造者是伏羲氏。《三皇本纪》记载：伏羲"有圣德，仰则观象于天，俯则观法于地，旁观神明之德，以类万物之情，造书契以代结绳之政。于是始制嫁娶，以俪皮为礼。结网罟以教佃渔……养牺牲于庖厨"。伏羲通过仰观俯察，了解自然万物，所画八卦是用8个符号，分别代表天、地、水、火、风、雷、山、泽。利用八卦占卜吉凶，正是这种对世界初步的认识和把握方式，孕育了中国哲学的萌芽，这也是后来《周易》的思想基础。

伏羲是传说中的三皇五帝之首，他生活的年代，环境极其恶劣、处境非常艰难，人们对自然，对天地十分依赖，为了生存，必须要找到最有利于生存的方法和"道"。从当时情况来看，和自然、天地、外物、洪水、猛兽相抗衡是困难的，只有要求人们顺应自然万物，探索自然规律，以求人与自然的和谐。所以，伏羲认为，人己和则得道多助，社会和则国泰民安，天下和则万象昌荣。为了实现这种理想，"观象于天""观法于地""观神明之德""类万物之情"是为"伏羲画卦"。可以说，正是在这样的自然环境、人类处境的大背景下产生了《周易》，产生了《周易》的核心理念——"和谐"。这种"和谐"，在《易经》中有四个层次：首先是在宇宙自然的宏观意义上——宇宙整体是和谐而有序的；其次是在人与自然的关系上——人为自然而生，又依附于自然；再次是在人与人的关系上——"和则一，一则多力，多力则疆，疆则胜物"③，意指和谐促成组织的凝聚，

---

① 杨文衡：《易学与生态环境》，中国书店 2003 年版，第 19—20 页。
② 司马迁：《史记》，中华书局 1995 年版，第 3299 页。
③ 《荀子》"王制篇"第九，王其俊注释，山东大学出版社 1997 年版，第 231 页。

进而战胜万物；最后是在人自身的关系上——身心平衡，"安其身而后动，易其心而后语，定其交而后求，笃其志而后行"。① 这些和谐关系，在建筑发展的不同阶段都有所体现。

另外，"文王演易"。后来的周文王被纣王囚禁羑里期间，研天人之理，将八卦演化为六十四卦，可以说，对周易思想的发展做出了巨大贡献。再后来的"孔子读易，韦编三绝"，更是进一步完善了这一部我国最古老、最权威、最著名的经典巨著，为中华民族文化的和谐理念奠定了不可动摇的坚实基础。而中国的古建筑文化就植根于这个基础之上。

"文王演易"是在狱中，"孔子读易"也是在备受冷落、志不得伸的苦闷中，他们都有匡正天下、拯救苍生的精神及寻求一种社会、自然、人文、政治的和谐。正如世界各民族文化、各种学说的形成都必须走过曲曲折折的甚或艰难的轨迹一样，和谐文化及至后来派生出的建筑文化理念一样，也是经历了不断的探索、发展、形成、纠正、再形成的实践过程，是在漫长的历史长河里积淀而成的。

这种和谐理念尽管影响中国社会的方方面面，但影响较多的是中国传统古建筑。建筑实践在很多情况下是这个理念表述的工具，很早就发展成它自己独有的性格。米切尔·福柯说："人类基地（site）或生活空间的问题，不仅是了解这个世界是否有足够空间的容纳问题——这显然是个重要的问题——而且也是在一个既定情景中，了解人类元素之间亲近关系、储存、流动、制造与分享，以达成既定目标的问题。我们的世代是空间给我们的，是基地间的不同关系形成的世代。"② 因此，从某个意义上说，一部人类建筑的发展史，也是人类与空间、人类与环境关系流变的过程。我们在对中国古建筑和谐理念进行研究探讨的过程中，可以发现其三个主要特征："天人合一"

---

① 严吾：《轻松读易经》，中国书店 2010 年版，第 292 页。
② 戈温德林·莱特、保罗·雷比诺：《空间的文化形式与社会理论读本》，陈志梧译，明文书局 1983 年版，第 40 页。

"象天、法地、法人、法自然"① 的整体观念、"中庸适度"的营建原则、灵肉相融的超脱内涵；其涵盖三层关系：人与自然的和谐、人与人的和谐、人自身（心与身——理想与现实）的和谐。因此建筑作为一种"器"，如何表述"和谐"这个"道"，是有其特殊的历史脉络、地理环境、经济基础、社会结构等原因的。

第一节 历史脉络

正如前文所说，中国古建筑和谐理念是在漫长的历史长河里积淀而成的，是经过千百年的探讨实践并经历无数次的检验而逐步形成的。"中国作为东方文化的主脉，在对人和宇宙、环境等领域有别于西方的社会意识，形成中国古代天、地、人有机联系统一整体的东方道、儒、释的建筑文化生态系统。"② 早在孔子和老子分别创立原始儒学和原始道家之前，中华先民就已经表现出很高的精神智慧，创立了关于宇宙和世界万物的三种思维模式，即远古时代的阴阳说、五行说、八卦说。到春秋战国时期，阴阳说、五行说、八卦说开始走向相互渗透和有机融合，出现思维共生现象，即所谓"阴阳五行""阴阳八卦"之说。阴阳五行思想、阴阳八卦思想由于其直观性和整体性特征，在中国传统文化的发展过程中影响极为广泛、深远。至西汉末年，随着佛教的传入，在与中国传统文化的互动与融合中，逐渐产生了一种伦理型、乐感型、超越宗教的现世主义文化，促进了中国传统文化四大思想资源的内在关系及其发展，展示了以儒家文化为本、儒道互补、儒道佛合一的逻辑结构和发展图景。中国传统文化的这种结

---

① 吴庆洲：《象天·法地·法人·法自然——中国传统建筑意匠发微》，《华中建筑》1993 年第 4 期。

② 于希贤、于涌：《中国古代风水的理论与实践》（上），北京光明日报出版社 2005年版，第 16 页。

构模式势必影响到中国传统文化的价值系统、思维方式、民族心理和审美趣味，从而铸塑了中国传统文化的基本精神——"和谐"。

我们不妨沿着其历史脉络探寻其演变、发展的轨迹，从总体发展趋势看，大致可分三个阶段：人与自然的和谐关系→人与人的和谐关系→人自身的和谐关系。当然，这三个阶段，并不是前一阶段结束，后一阶段的关系才出现，而是在融汇中递进，递进中融汇，并且每一种关系都是不断发展的，以至最后，三者关系共同存在并相互联系、相互依存且相互制约。

一　第一阶段：人与自然的和谐关系

"上古穴居而野处，后世圣人易之以宫室，上栋下宇，以蔽风雨，盖取诸大壮。"[1] 史学界、建筑学界长久以来把这段话看作中国最早的有关建筑概念的基本"理论"。中国古建筑的发展，从新石器早期入地较深的袋穴和坑式穴居的原始居住，到半坡遗址中出现的入地较浅而墙壁与地面用夹草泥烤成的半穴居，以至后来发展成一种地面上的、能够构成较大空间的，且室内具有木柱，墙壁和屋顶用较小木料及夹草泥做成的简单房屋，至汉代，发展成汉族特有的木架建筑，并进入了中国封建社会中建筑发展的第一个高峰。

在这个阶段中，人们的营建意识尚处在一种原始的自然混沌状态，人们对自然的认识能力非常低下。不像西方社会那样认为神权凌驾于一切，或凸显人本精神，认为人可以改变世界。而是面对洪水等种种自然灾害、艰苦环境中求生存等多种因素，催生了"神人相合"的观念："八音克谐，无相夺伦，神人以和"[2]——孕育着求和谐一致的思维倾向。由于大自然超强的力量，在古人心目中它与神同位，

---

① 《易经》，袁庭栋译注，巴蜀书社2004年版，第229页。
② 《尚书》（今文全本），贺友龄译注，高等教育出版社2008年版，第16页。

因此古人在神秘的大自然面前自觉显得异常渺小，只有归依自然，接受大自然的恩赐，从主观上主动地亲和自然，和自然形成一种和谐的氛围，这样他们才能生存。这种关系可以从其生存行为中看出：人建房、种田、养畜、捕鱼、种菜，以此维系生存；反过来，人的排泄物和建房等其他废弃物，则可以肥田、育树、喂鱼等，以此整个系统良性循环，环境未有污染，开发未有过度；穴居、半穴居、树上筑巢、地上木构架等所用材料，均取于自然，生产力水平低，也决定了材料的加工过程非常简单，不破坏生态环境。整个建筑环境可以说是"虽有人作，宛自天成"，因地制宜、因山就势、相地构屋、因势利导、就地取材，与自然浑然一体，形成自然与人和谐的氛围。可以说远古时代的"阴阳说""五行说""八卦说"等便是这种人与自然和谐的理论的萌芽，从"伏羲画卦"到"文王演易"再到"孔子读易"，以至西汉末年《周易》成型，这种人与自然和谐的关系便发展成熟，乃至中国建筑文化的独特表现——风水学，成了中国建筑学与朴素环境学的一种传统"国粹"，它作为"文化沉淀的、相对稳定的观念形态本身就是一种社会存在，深刻地影响甚至决定了古代建筑设计及规划布局"。①

二 第二阶段：人与人的和谐关系

远古时期"人类的一切社会行为都不能违背天地大法，都必须遵循天道运行的规律行事"②。遵循天道，即从主观上追求人与自然的和谐，客观上通过事神，祈求鬼神的赐福和保佑，从而产生了"礼"。《说文解字》中有："礼，履也，所以事神致福也。"殷商时期的甲骨文已出现"礼"，作梦、姜、琴等形，象征豆盘盛玉祭祀祖

---

① 潘古西：《中国建筑史》，建筑工业出版社 2004 年版，第 212—223 页。
② 乌恩溥：《周易·古代中国的世界图示》，吉林文史出版社 1985 年版，第 83 页。

先、上帝，以示敬意。王国维在《观堂集林·释礼》中认为："盛玉以奉神人之器谓之曲，若豐。推之而奉神人之酒亦谓之醴。又推之而奉神人之事，通谓之礼（即'禮'）。"郭沫若先生亦认为"礼"起源于祭神，"故其字后来从示，其后扩展为对人，更其后扩展为吉、凶、军、宾、嘉各种仪制"①。可见，"礼"与神权、族权之联系密切。后来经演变衍化，礼逐渐成为整个中国古代社会的行为规范，至西周嬗变为一种社会化秩序，制约着人与人之间的关系，而成为一种制度，乃至成为统治者维护其统治地位、维护社会稳定、维护人与人之间的稳定关系从而达到某种和谐的一种工具。"和谐思维模式实质上是以自然界的理想和谐证明人类社会等级秩序的合理性，其内在逻辑是自然界的天上地下、天尊地卑的层次结构，人类社会相应的也应该是君臣上下、尊贵贱卑的差别结构。这不仅是理想状态，而且是天经地义的。由此人们只能对封建社会等级制度顶礼膜拜，而不能产生丝毫怀疑。"② 当然，这种"人与人和谐"的哲学思想，在存在剥削阶级和阶级斗争的社会中只是一种主观的空想，是诸子百家文化争鸣的最高理想。

先秦时期，诸子百家几乎都从不同层面表示了对和谐的追求。孔子的"和而不同"被看作中国传统文化的经典；道家崇尚混沌，主张返璞归真，厌恶自然的破坏和人性的扭曲等；庄子的最高理想是"太和万物"，最终目标是世界达到最完美的和谐；《易经》的"天""地""人""三才"强调"人和"。这些理论，把原始的"人与自然的和谐关系"提升到"人与人之间的和谐关系"，进一步丰富了和谐思想，推动了中国古代和谐理论的进一步发展。而这些发展又直接影响到了统治者，进而体现在作为物质形态和文化现象的建筑上。"中

---

① 郭沫若：《十批判书·孔墨的批判》，人民出版社1982年版，第21页。
② 李宝玉：《发展与和谐》，中原农民出版社2008年版，第21页。

国古代重大的建筑工程基本上都是官方的建设项目，历代的皇朝都有其建筑的政策，各个时代的建筑都是在官方政策控制下的产物。"①建筑理所当然地成为维护社会秩序的有效工具之一。

实际上，不同的人，不同的朝代对和谐的理解也是不同的，尤其是统治者，要把某一种理念或理论纳入自己的伦理范围而为己所用。相对于孔子、孟子、道家的和谐理念，封建社会的统治者有自己的理解。封建社会等级森严，尊卑不同，这首先就有悖于孔孟等人的和谐理念，于是统治者在建筑上融入了有利于自己的诠释，那就是"中为至尊""尊卑有序"等一系列建筑形制的出现。这里的"和谐"，更多的是体现在统治者和被统治者安居自己的地位、身份、等级等，即统治者心安理得地高居被统治者之上，被统治者心甘情愿地匍匐于统治者之下，相安无事，以致后来扩展到各个阶层，乃至家庭内部的关系，成为"君君臣臣、父父子子"的等级秩序。这种等级秩序，正如"父子有亲、君臣有义、夫妇有别、长幼有序、朋友有信"②。这种思路启发后世儒者，创造出一整套正心诚意、修身齐国平天下的理论，是为封建社会的人与人的和谐之道。经演变衍化，逐渐渗透到整个封建社会古建筑理念和实践中的方方面面：第一，表现在建筑类型上，形成一系列礼制性建筑，而且这些礼制性之间的地位，远远高于实用性建筑，如宗庙、坛、陵墓等；第二，主张君权神授，故建有都城、宫殿，体现君权至高无上；第三，"尚中"情怀，主张"中为至尊""中正有序"，故建筑布局方整对称、昭穆有序，从而形成都城、宫城等建筑群体严格的中轴对称；第四，主张尊卑有序、上下有别，故建筑的开间、形制、色彩、脊饰等都有严格等级规定。

在先秦典籍中，通过规定建筑各种级别来体现人和人之间等级关

---

① 李允鉌：《华夏意匠——中国古典建筑设计原理分析》，天津大学出版社 2005 年版，第 38 页。

② 《孟子》，万丽华、蓝旭译注，中华书局 2010 年版，第 82 页。

系的例子俯拾皆是。《礼记》中有："天子之堂九尺，诸侯七尺，大夫五尺，士三尺。"① ——规定了建筑基座高度等级性。《礼记·王制》中有："天子七庙，诸侯五庙，大夫三庙，士一庙，庶人祭于寝。"——人的等级不但决定了宗庙的数量，也限定了宗庙的排列方式。《春秋谷梁传注疏》中有："礼：天子、诸侯黝垩，大夫仓，士黈。"② ——对建筑色彩的使用做了等级规定……这种服务于封建统治阶级和谐的建筑理念，到中国古建筑发展的第二个高峰——隋唐时期，更有了比较详细的官方规定，如《唐六典》中有："王公以下屋舍不得施重拱藻井，三品以上堂舍，不得过五间九架，厅厦两头，门屋不得过五间五架；五品以上堂舍，不得过五间七架，厅厦两头，门屋不得过三间两架，仍通作乌头大门；勋官各依本品：六品，七品以下堂舍，不得过三间五架，门屋不得过一间两架；非常参官不得造轴心舍及施悬鱼，对凤，瓦兽，通袱，乳梁装饰……士庶公私第宅皆不得造楼阁临视人家。……又庶人所造堂舍，不得过三间四架，门屋一间两架，仍不得辄施装饰……"

经过千百年的演变发展，这种等级森严的建筑"和谐"逐渐深入人心，在很大程度上成为人们下意识遵守的法则，成为实现不同阶层、不同等级之间人与人和谐的精神工具。

三　第三阶段：人自身的和谐关系

如果说儒教、道教的和谐理念后来被封建宗法观念所扭曲，成为了维护封建等级制度和谐的工具，帮助统治者实现了以"礼"为核心的道德伦理观念，并达到了封建礼仪制度下的人与人之间关系的和谐要求。那么，佛教的传入，则从更深层次上实现了人自身即心与身

---

① 戴胜：《礼记》卷八，岳麓书社 2001 年版，第 172 页。
② 李学勤：《春秋谷梁传注疏》，北京大学出版社 1999 年版，第 88 页。

的和谐诉求。

公元前6—前5世纪，印度释迦毗罗卫国净饭王之子释迦牟尼创立了佛教，其基本教义是"四谛"，又作四圣谛，即（1）苦谛：指三界六道生死轮回，充满了痛苦烦恼。（2）集谛：集是集合、积聚、感召之意。集谛，指众生痛苦的根源。（3）灭谛：指痛苦的寂灭。（4）道谛：指通向寂灭的道路。佛教认为，依照佛法去修行，就能脱离生死轮回的苦海，到达涅槃寂灭的境界。其构建的观念世界是把此岸、彼岸割裂开来，以苦空为主旨，对此岸的文化采取排斥拒绝的态度——人间与佛国、此岸与彼岸、人性与佛性未可"同一"。

佛教公元前3世纪后传入我国，流行于东晋南北朝，大盛于隋唐。作为一种源于异邦文化背景的意识形态系统，佛教在流传过程中，受到中华本土文化的顽强排拒，而佛教以灵活的调适性，不断地改变自身面貌，逐渐地适应了新的文化生态系统。经过几个世纪的调整、适应，进入隋唐，佛教融通印度佛教与中国儒道思想，逐步形成了儒、道、佛三教并立的局势。到了唐代，佛教一度被高度重视，成为中国最主要的宗教文化。

佛教受到推崇的原因在于：一是佛教传入中国之后，不断地调整自己的教义，有效地克服了"水土不服"的问题；二是和本土的儒教、道教三教合流，衍生出了新的和谐理念——心与身即理想与现实的和谐，迎合了当时社会中人们的心理意识。其中国化的体现在于："深受中国'天人合一'传统哲学及其文化思想的影响，以佛、佛国、佛性为'天'，以信徒、社会人生、人性为'人'，佛与信徒、佛国与现实、佛性与人性等渐趋合一。"[①]——这一切，在统一的建筑形态中得到了形象化的表述。

---

① 白晨曦：《天人合一：从哲学到建筑——基于传统哲学观的中国建筑文化研究》，博士学位论文，中国社会科学院，2003年，第80页。

印度佛教建筑的原型窣堵坡是佛教高僧的埋骨建筑，其实是坟墓的形式，但后来随着社会的发展，不再仅仅是埋葬舍利的地方，而成了一种纪念性的建筑。随着佛教在中国的传播，窣堵坡这种建筑形式也在中国广泛扩散，发展出了"塔"这种极具中国特色的传统建筑形式，其质地的转变、功能的拓展、内涵的延伸，体现了塔的中国化。传入中国的窣堵坡与中土的重楼结合后，经历了唐、宋、元、明、清各朝的发展，并与邻近区域的建筑体系相互交流融合，逐步形成了楼阁式塔、密檐式塔、亭阁式塔等多种形态结构各异的塔系，建筑平面从早期的正方形逐渐丰富，演变成了六边形、八边形乃至圆形，其间塔的建筑技术也不断进步，结构日趋合理。其整体意象及周围环境弥漫着带有中国传统文化色彩的佛教意蕴，"不是孤立的、摆脱世俗生活、象征超越人间的出世的宗教建筑，而是入世的、与世间生活环境联在一起的宫殿宗庙建筑，成了中国建筑的代表"。① 中国的佛教建筑成了出世之佛与入世之儒的共融体，它的现实的理性精神，使其象征意义越来越趋向于平和、静谧、安然，使人不由自主地进入一种心与身、灵与肉的和谐境界。

第二节　地理环境

"不同类型社会的主要特征是在地理环境的影响下形成的。"被誉为"俄国马克思主义之父"的普列汉诺夫这样说。地理环境在一定程度上影响人们的风俗习惯、性格面貌、文化价值和思想意识等一切形而上的东西。"地理环境通过物质生产及其技术系统等中介，深刻而久远地影响着人类历史的进程，因此，我们在考察中华文化的生成机制时，就有必要从剖析这一文化系统赖以发生发展的地理背景入

---

① 李泽厚：《李泽厚十年集》第 1 卷，安徽文艺出版社 1994 年版，第 67 页。

手，并进而探讨中华地理背景的诸特征与中华文化诸特征之间的千丝万缕联系。"① 可见地理环境在特定文化形成中的重要地位。

地理环境对民族特征、文化流派、社会习俗等的形成，在大多数情况下主要通过提供物质条件间接发挥效力，而不是直接作用其上。确切地说，地理环境的特性是生产力发展的首要条件，它通过在一定区域范围、一定生产力基础之上的生产关系来影响人自身的活动和人与人之间的关系，其对人类文化的影响是广泛而深远的，持续长久又深刻。

人类发展的任何阶段都离不开地理环境。原始社会，生产力水平低下，人们利用自然、改造自然的能力也很低，因而地理环境所起作用很大，往往具有决定性。随着生产力的发展，人类主观能动性的提高，对环境的依赖性有所减小。然而，人类无论如何都不会摆脱地理环境的束缚而凌驾于地理环境之上而发展，但对地理环境利用的范围则会日益扩大。因此，"人—地"关系在人类文明发展的任何一个阶段，其作用都不能小觑。作为人类精神文明的载体之一——中国古建筑，其思想和实践过程，也不可避免地和地理环境有着千丝万缕的联系。

纵观整个世界，由于历史、地理、气候、人文等诸多要素的迥异，也就产生了诸多不同的文化区域。比如，属于干燥亚热带、山岭、沙漠包围的冲积平原这一类的埃及和美索不达米亚的文化区域；气候基本囿于热带，地形地貌较复杂完备的古印度文化区域；地形地貌大体是山海相间，缺乏扩大气象，只有地中海气候一种类型的希腊、罗马文化区域，相形之下，中国传统文化滋生于东亚大陆和全球最大的海洋——太平洋西岸，"其地理条件具有一个明显特征：疆域

---

① 冯天瑜：《中华文化多样性及文化中心转移的地理基础》，《广东社会科学》1990年第2期。

辽阔，腹里纵深，回旋天地开阔，地形、地貌、气候条件繁复多样，形成一种恢宏的地理环境"。①

　　作为东方文化的主脉，古代中国在对人、宇宙、地理环境等领域有区别于西方的特征和意识，形成古代天、地、人有机统一，整体的、和谐的，以儒家为主，道、释结合的建筑文化生态系统。

　　地形地貌和气候是构成中国古建筑和谐理念的地理环境中两个主要要素。

一　地形地貌

　　中国古建筑文化构成中一项基本因素是地形地貌。地形地貌往往是建筑构成形态中起支撑作用的角色。作为东方文化的源头——古代中国，位于地球上最辽阔的大陆——亚欧大陆的东侧，其地理环境的特征——偏居一方和相对封闭。其东南濒临最浩瀚的大洋——太平洋，北部、西北部、西南部则深居大陆的中心，北面是常年冰封的西伯利亚荒原，西面和南面环绕着大漠荒沙，高耸入云的昆仑山、阿尔泰山及世界海拔最高的喜马拉雅山——可谓陆海兼备。

　　其地形地貌独特：西部和北部高，向东、南部逐渐降低，东南滨海而西北深入大陆内部，其中有被称为世界屋脊的青藏高原和壁峭谷深的西南横断山脉，有土壤肥沃的冲积平原，有面积辽阔的沙漠和草原，有陂陀起伏的丘陵地区，也有河流如织的水乡。"中国地势西高东低，山地、高原和丘陵约占 2/3，盆地和平原约占 1/3。山脉多东西走向，河流因而也多东西走向，自西向东构成了落差明显的阶梯（习惯上称'三大阶梯'）。"② 故古时中国东西行较易，而南北行较难，南北运河的开凿正是为解决这一问题应运而生的。我国除了山地、高原、

---

① 李永志：《中国传统文化简明教程》，巴蜀书社 1995 年版，第 14 页。
② 同上书，第 15 页。

盆地、平原、丘陵五种最重要的常态地貌类型以外，还有类型繁多的特殊地貌分布，如冰缘地貌、海岸地貌、冰川地貌等。其中冰缘地貌，仅青藏高原和大兴安岭北段，类型就有 45 种以上，比苏联和美国多一倍，成为世界上冰缘地貌类型最多的国家。置于世界地理的总背景上考察创造华夏 5000 年文明的地理环境，其特征非常之明显：繁衍地不仅地形、地貌繁复、领域广大，而且气候多样和江河湖海纵横，亦为诸古文化区所罕见。如此复杂多样的地理环境，为中国传统自然经济的多元化和中华文化的多样化提供了优越的条件。

中国自殷商起有文字记载。此后，先民的活动地域日益扩展。自春秋开始，大致形成三晋、齐、燕、秦、楚、越六大文明、文化区。这里文化活动和地理环境高度吻合，范围包括黄河流域、长江南北。

成书于战国时期的《尚书·禹贡》把当时的版图划分为冀、兖、青、徐、扬、荆、豫、幽、雍九州。这是自上古以来中华先民着力开发的地段，在当时的世界文明古国中，领域之辽阔首屈一指。

秦汉以后，先人继续开拓疆土，实行民族交会，上述各区域文化融合为汉文化，以后经历代发展，奠定了今日中国近千万平方公里的辽阔领地，为中国传统文化的滋生繁衍提供了广饶的土地。

古代中国人认为天圆地方，中国位于正中，也称"中央之国"，故称"中国"，古代华夏族建国于黄河流域一带，以为居世界文化的中心，所以最早叫"中华"，后来逐渐演变成中华民族，"中国"后成为我国的专称。其历史记载尤为丰富，但内涵有时略有不同。如《诗经·民劳》注："中国，京师也"，《大雅·民劳》首节："惠此中国，以绥四方"——"中国"是指天子直接统治的地区；《三国志》中诸葛亮对孙权说："若能以吴越之众与中国抗衡，不如早与之绝"[1]；《史记·东越列传》："东瓯请举国徙中国"——"中国"是

---

① 陈寿编：《三国志·诸葛亮传》，时代文艺出版社 1997 年版，第 334 页。

指中原地区；《论语集解》中有："诸夏，中国也"；《史记》中有："天下名山八，而三在蛮夷，五在中国"①——"中国"指华夏族居住的地区；鲜卑人建立的北魏自称"中国"，将南朝叫作"岛夷"，而同时汉族建立的南朝虽然迁离了中原，仍以"中国"自称，称北朝为"索房"、北魏为"魏房"；在宋代，辽与北宋、金与南宋彼此都自称"中国"，且互不承认对方是"中国"——"中国"是指中央之国。古人不但对于我国的地理位置有大致了解，对其地形地貌，也有了比较清楚的认识。

《尚书·禹贡》中云："东渐于海，西被于流沙，朔南暨声教，讫于四海。"②——战国时华夏民族的"四至观"，明确概括了其一面向海，其他几面因"流沙"等屏障而难以逾越的东亚大陆的地理特征。之后的《招魂》《大招》等篇，则有东大海，西流沙，南炎炎千里，北寒山的"四极"之说。"四至观"及"四极"之说，因其正确地把握了东亚大陆的基本地理形势而沿袭久远。

从以上记载可以看出，我们这个国家的大致地理环境特点。不管是指天子直接统治区、中原地区、华夏族居住区还是北魏统治区，抑或后来的中央之国的概念，大致都在黄河流域、长江流域一带，其地理特点正如上文所说，西北凭依西藏、黄土高原，东南濒临渤海、太平洋。从更广阔的角度看，处于赤道以北，北回归线横穿我国的南部。

这种"大陆—海岸型"的半封闭环境为中国传统文化独立不羁性格的形成提供了适宜的地理前提，并且给中国民族传统文化获得前后递进、延续且完整地保留提供了必要的条件。

在当时工艺技术原始落后，掌控环境能力有限的情况下，人们无

---

① 司马迁：《史记》，线装书局 2006 年版，第 73 页。
② 《尚书》（今文全本），贺友龄注，高等教育出版社 2008 年版，第 45 页。

法控制和改造自然，只能去适应它，这些都体现在先民们的建筑观、建筑实践等方方面面。人们对待自然地形地貌的态度，是营建建筑形式的重要理由，为克服自然地形的限定，解决的方法千变万化。中国传统文化一向崇尚农业生产，所以在对地形地貌的利用上也下意识地融入了“和谐”的理念。比如，平整的土地留作农田，坡地沟坎则修建住宅，因为建造房屋由各家各户单独进行，一是没必要用大片平坦的土地，二是顺应山形水势，趋利避害、因地制宜、因势利导地适应地形地貌以营造良好的室内外气候条件，进而后来逐渐发展成了极有影响的“风水学”。《诗经·公刘》中记载了周人的先祖率部落迁徙至渭水南岸时，观察和选择地貌的情景：“陟则在献，复降在原……逝彼百泉，瞻彼溥原，迺陟南冈……”[①]（往前登上那小山，往下又走到平地，去看上百的泉流，看那宽广的平原，就登南面那山丘）这是周成王时为巩固周王朝的统治而营建新都先命召公前往观察地形。可以看出召公观察之细，用心之苦，从山丘到平地，从平地到泉流，从泉流到山丘，都细细看来，是那样的认真慎重，足以证明古人在营建活动中对地形地貌的高度重视。汉刘熙《释名》中将“宅”解释为“宅，择也，择吉处而营之也”，可见古人是将宅与外部环境一起考虑的，而这种考虑，正是为了实现人与自然的平衡与协调，以躲灾祛病。《黄帝宅经》说得更为具体：“宅以形势为身体，以泉水为血脉，以土为皮肉，以草木为毛发”[②]，其中形势指的是地貌特征，这里把地形地貌的环境作用看得非常重要。对于趋利避害地选择建造场地，我国一直有自己的风水理论。我国古代的“堪舆学”对地貌也有较详细的分类和认识，《汉书·艺文志》中有“宫宅地形”二十卷，专讲“九州之势以立廓室舍形”。秦末韩信为葬其母专

① 吴兆基编选：《诗经·公刘》，宗教文化出版社2001年版，第277页。
② 老根编著：《黄帝宅经》，中国戏剧出版社1999年版，第3页。

门选择了高仰之处以为墓地。后代的堪舆书多以"地理"命名。其本旨是指导人们如何利用地形地貌使人与自然环境相协调。

二　气候

气候是地理环境的一个重要因素。人类可以粗略分为寒带、温带和热带民族等不同的气温带类别。温带气候温润暖湿，大大有利于人们的休养繁息。所以温带—暖温带成为文明的发祥地和繁盛区。正如恩格斯指出："历史的真正舞台所以便是温带，当然是北温带，因为地球在那儿形成了一个大陆，正如希腊人所说，有着一个广阔的胸膛。"我国恰好处在北半球的温带—暖温带，气候从南到北跨越了热带、亚热带、暖温带、中温带和亚温带五个气候区，还有很强的大陆性气候特征及年温差大，冬季气温大大低于同纬度地区，夏季则略高于同纬度地区。从气候资源光、热、水的状态来看，中国气候有以下主要特点：一是光、热资源丰富。中国大部分领土属温带，亚热带区域也不小，全国各地的太阳辐射和热量都可满足各种农作物生长发育的需要。二是水分分布不均。中国东南部受夏季风的强烈影响，一般年降水量达1500毫米以上；而西北内陆地区受大陆气团控制，年降水量一般在400毫米以下。三是山地气候居多。我国是一个多山的国家。广大山区的气候条件对农业来说，有有利的方面，即有多种垂直气候带，气候类型多样，利于发展多尺度、多层次的立体农业，发展林、牧、果、药等多种经营，但这样的气候条件相对居住建筑的要求而言要苛刻得多，而这种苛刻又大大催生了先民们对建筑的实用性更深刻的思考和探究。

中国的气候，也影响文明拓展的方向。古代巴比伦、埃及、罗马、印度等文明，都发源于暖温带而逐渐向寒冷地带发展，中国则相反。由于季风气候的影响，我国雨量由东南至西北递减，而地势由东南至西北逐渐增高，多数河流由西向东或由北向南注入大海，这种自然条件，往往决定收获的丰歉，再加上南暖北寒的气温，造成南长北短的农作物生长季节，这些条件对农民的垦殖发生吸引，所以形成人口南移、文化南进的趋势。

先民们在千百年的经验教训和实践中，深切感受到了气候和人、气候和人的居住环境的密切关系，而气候对建筑的影响又离不开具体的地形地貌等地理环境。因此，和地形地貌一样，气候对建筑的影响也成为建筑形式形态及建筑思想意识中的主要因素之一。"建筑的首要意义是遮蔽自然气候并塑造舒适的气候；因此，面对不同的气候就会有不同的应对方式，也会导致不同的建筑形态结果。气候的多样性造就了建筑的多样性，气候因素也将恒久地影响着建筑形态的生成和发展。"[1] 由此可见，气候是建筑的重要环境因素，自然不可避免地影响着建筑文化和建筑实践。一般来说，一个地域的气候条件不可能在几百年甚至更多的时间里发生质的改变，这样，气候对建筑的影响，对建筑设计的影响也就相对稳定，并成为中国古建筑和谐理念设计的要素之一。从历代中国有代表性的古建筑的总体布局、剖面形式、空间组织、体量造型和构筑方式来看，大都反映了建筑物对所处地域气候的一种适应和服从。因此，不同地理的气候因素影响并制约着不同建筑形态。

另外，气候还直接影响着人们的行为模式和生活习惯，而这种习惯，必然会反映到和人类生活密切相关的建筑实践、建筑文化上。气温相对宜人地区，建筑在室内外之间常常安排有过渡的"泛空间"，如南方的厅井式民居都是这种性质。"泛空间"除了具有遮荫的功效，也可供人们休闲、纳凉、交往；在干热干冷地区，由于人们的活动大多集中于室内，因此室内空间与外界的关系相对独立，建筑较封

---

① 赵群：《传统民居生态建筑经验及其模式语言研究》，博士学位论文，西安科技大学，2004年，第15页。

闭——这使我们深切感受到气候和建筑密不可分的关系。而我国北方建筑一般利用围合形成的外部院落空间解决避雨防晒、通风采光问题，如北京四合院、吐鲁番的高台式民居，分别体现了北方较寒冷的气候和吐鲁番的日光曝晒特点。而我国南方的建筑常采用花墙和格子墙，则更适应南方气候温暖的特点。除了利用地面以上的空间外，中国传统古建筑为了适应恶劣气候，还发展地下空间，比如黄土高原地区地质条件得天独厚的陕北窑居建筑。

综上所述，我国古建筑文化和地形地貌、气候等地理环境之间的密切联系，经过千百年来的协调和融汇、实践和发展，已经形成了建筑文化的重要组成部分和深入人心的建筑理念。这种理念和其植根的中华文化一样，源远流长，绵延不断。既深刻影响了我国千百年来的建筑选址、布局、形制、质地、色彩、数字等，又衍生出千姿百态的子文化，比如风水学、地貌学等。尤其让人赞叹的是，它历经时间的检验和王朝更迭的洗礼而经久不衰，且越来越盛，更是让我们不得不给予深切的关注，以探讨其内在和外在的渊源。

地理环境对中国文化的影响主要体现在三个方面：一是对中国文化形成和延续的影响；二是对中国文化多样性的影响，不同的地区儒化的程度是不同的；三是对中国文化开放程度的影响。

中国传统文化滋生地拥有黄河流域和长江流域两个气候、土壤等地理格局差异颇多的大区域。两者互为照应，相辅相成。当黄河流域因战乱频仍、民不聊生，经济和文化面临危亡之际，长江流域迅速递补，兴盛发达，以巨大的经济潜力成为粮食、衣被等主要供应区，更重要的是，使面临困境的文化尤其是建筑文化得以为继。比如黄河流域靠近游牧区，一旦外族入侵，发生变故，就可能被游牧人所征服，从而截断某些文化发展的链条。而这时，长江流域凭借其巨大经济潜力为农耕文明提供退守、复兴的基地。再辅以岭南的珠江流域、闽南滨海地带、云贵高原、台湾、海南岛等，使这一回旋区间更加丰富和广阔。这种自然地理形式正是中国传统文化能延绵不绝的客观原因所在。因此，在历史发展过程中，中国建筑文化并没有出现类似希腊、罗马文化因日耳曼南侵而中绝并沉睡千年那样的"断层"现象。其间虽然与中亚、西亚"草原—绿洲"文化，南亚次大陆的佛教文化进行过相当深度和广度的交流，明清之际又与欧洲近代早期文化有所沟通，但直至鸦片战争之前，中国传统文化尽管不乏外来文化影响，却仍一直保持着自身的风格和体系，并未经受过外来文化根本性、颠覆性的挑战。中国传统文化特有的"和谐"理念一脉相通，绵延不绝。

由于地形地貌、气候的不同，这些巨大的自然地理环境因素差异形成了中国古建筑地域特征的初始条件。并且随着原始地域差异的发展而发展，重要的是，各自发展的同时，还有融合和交叉，从而形成了由地形地貌、气候的不同而产生的建筑文化差异和它们之间的融汇而成的共性，从而组成了我国丰富多彩的古建筑文化形态和独具特色的古建筑文化理念，而这种理念的核心就是"和谐"。因为作为人类赖以生存、生活的建筑只有最大限度地兼顾地形地貌、气候等外在环境，使诸多方面形成一种平衡和适应的状态，才能给人类创造最佳的建筑环境。

中国传统文化尤其是建筑文化由于其生长在相对封闭的自然环境，且与其他文明中心相距遥远，再加上周边各类自然障壁的维护，尤其是太平洋，因辽阔无际而增添了神秘性和征服的难度，在相当长的时期构成中国与外界的天然屏障，客观上使中国人盲目地形成"中国"这种"世界中心"的意识。深入思考一下，不难看出，这种中心意识绝非单只地理位置上的，还暗指文化上的中心地位。这种"外播四海"和处在"四夷"之中，盲目自大的"中央之国"意识，也强化了国人神圣自己的文化，推崇自己文化的自豪感。对于中国传统文化的传承和保护起到了重要的作用。

这种"中心"意识反映在建筑上就是"王城居于六合（东西南北上下）中心"，认为王城中心即为天下中心，如北京紫禁城，紫禁城中的太和殿，太和殿上的"龙椅"坐落在北京城东西南北中轴线上，上对应紫垣星，正是这一意识的形象体现。这种意识慢慢形成儒家礼制的核心"中为至尊"的建筑布局——人与人之间礼乐和谐关系的一种表征；风水理论指导下的建筑选址及"天人合一"观下的其他建筑语言（色彩、数字、形制、质地等）的象征——人与自然和谐关系；佛教传入中国后，在这种"山水"有灵下的一种身心平衡，体现在建筑形制上表达人自身关系和谐的象征。

第三节　经济基础

中国传统文化生于斯，长于斯的东亚大陆，领域广大，地形、地貌繁复，江河湖海纵横，气候多样——得天独厚的自然条件和地理生态环境决定了农耕经济是中国古代社会经济的主体。农耕经济的生产形态逐步形成了农耕文明。

我国自古至今是一个农业大国，正所谓经济基础决定上层建筑，以农业为主的经济形态必然会产生与之相适应的文化形态。中国传统文化理念也必然会受到经济基础的影响，这种影响，也不可避免地体现在建筑理念和建筑实践上。

"以劳动对象、劳动产品、操作方式等因素分类，中华先民的物质财富创造活动可分为农耕和游牧两大基本类型。"[①] 游牧区文化是粗犷的、充满狼性的；而农耕区却是深受儒家文化濡染，是温和的，是深蕴着羊性的。狼和羊比较，产生于黄河流域和长江流域一带的农耕文化在我国占据着绝对的优势，这也就决定了传统文化中的和谐理念根

---

① 何晓明、曹流：《中国文化概论》，首都经济贸易大学出版社 2007 年版，第 34 页。

深蒂固。中国农耕文化的发展进程是缓慢的；其所形成的经济模式，是封闭式的自给自足，这就需要在文化理念中，寻求一种内在平衡。这种平衡，奠定了中国传统文化赖以生存和发展的主要经济基础。

中国传统文化源源不绝的物质基础和发展动力，主要来自农耕经济，同样其走向近代的历程坎坷崎岖的根本原因，也在于这种封闭保守型的农耕经济难以解体。可以说，中国的农耕自然经济既养育了中国传统文化，也在某种程度上制约了中国传统文化的发展。但不可否认的是，它给中国传统文化和传统建筑文化提供了"温、良、恭、俭、让"的土壤。

中国传统自然经济对中国传统文化发展的影响，大致有以下两个方面：一是农耕经济的持续性和稳定性，造就了中国传统文化的延续力，也就是保证了中华文明的绵延不断。二是农耕经济的多重性和多元化结构，造就了中国传统文化的包容性和兼顾性，中国文化博大精深、源远流长的同时，也有着广泛普遍的特点，不仅包容了百家学说，而且兼顾了不同地区，并且在很长的时间内，也宽厚地吸纳了周边少数民族的优秀文明，这也成了后来佛教的传入并在中国发展的原因之一。中国传统文化的主体无论是诸子百家学说，还是作为大众文化的民间信仰和风俗，其源头大都可以归结为这种农耕经济居于支配地位，生产过程周而复始的处于相对停止状态的农业文明的范畴。

"一分耕耘一分收获"——这是植根于农耕经济的中华民族的一种务实精神，也是农民在农业劳作中，悟出的一条朴实的真理，那就是：实心做事，必有收获。这种务实作风，自然感染了文人。中国人在宗教问题上重实际而黜玄想，即使周秦以后，受种种土生宗教和外来宗教影响，但基本上"入世"的思想始终是压倒神异的"出世"思想，不向彼岸世界寻求超生解脱，重在此岸世界学做圣贤，所以作为农耕民族，中国人从简单的农业再生产过程中，形成的思维定式，是注重切实领会，较早地完成了贯穿自然、社会、人生的世界观的构建。这种构建的完成，为中国文化的和谐内涵打下了厚重的根基。在这根基上，产生了中华传统文化的一系列基本性格。

第一，注重自然精神。农耕社会中的人们，满足于维持简单再生产，缺乏开拓、改造和前进的动力。农业的春耕夏耘、秋收冬藏的规律，要求人们事事脚踏实地，不违农时，循序渐进，切忌好高骛远，脱离实际，拔苗助长。千百年来，人们在面朝黄土、背朝天的悠悠岁月中，把土地当作自己赖以生存的根，在和坚实厚重的土地共生共存中，形成了农耕型土地观念的文化核心，同时，养成了踏实、诚恳、敦厚的性格。性格在环境中形成，环境在意识里渗透，在这种生活环境中，自然容易滋生永恒意识，而这种意识集中到政治家和思想家那里，则形成了以农耕经济为主的、主张和平自守的内向型文化、内敛式经济，成为一种独特的中华文明，这种文明观念，施之于自然，则能顺从自然常规节律，达到尚调和、主平衡的理想效果，比如农业生产的运行机制，必须按季节行事以顺应自然规律，在国人的潜意识里，自然形成了注重与自然节奏合拍的潜在意识，并形成钟爱自然的情感意趣，因此，农业遵循自然，经济依赖农业，文化植根经济，自然而然形成了源于农耕经济社会的人与自然和谐的文化理念。

第二，崇尚"中庸"。中华民族崇尚中庸是安居一处、祈求稳定平和的农耕经济形成的群体心态趋势。中庸与农业意识的恒久意识是相通的，是一种调节社会矛盾，调节人与自然矛盾，使之达到中和状态的高级哲理。这种哲理，使之于文化则能求同存异、包容并蓄；使之于风俗，则能内外兼顾、平衡人伦；使之于社会，则能使社会赢得必需的稳定与祥和。农耕社会中的人们，把人际关系及人与自然的关系和谐作为理想目标。小农生产所追求的是满足自身需求的，且自给自足的人均有之等目标，因而自然而然地产生了朴素的"平均"思想。儒家讲"不患贫而患不均"，墨家讲"兼相爱""交相利"，都符合小农的"平均"思想；在民族关系上，我们的祖先历来推崇文治教化，主张"协和万邦"，形成了民族团结、国家统一的传统。这也就是人们常揶揄的"小农意识"，这在今天看来，是保守而低级的，但在当时，却有着一定的进步意义，为社会秩序的稳定、人与人之间关系的和谐起到了积极的作用。

第三，秉承"兼容并蓄"精神。农耕经济的多重性和多元化结构，造就了中国传统文化的包容性和兼顾性。在农耕经济基础上形成的农耕文明，其文化特质是温和的、包容的，这种温和和包容，明显地表现在对外来文化的兼收并蓄上。从佛教的输入和流传就可以看出这一点。佛教在中国流传之后，尤其是到了汉晋之后，其因果报应、修行解脱学说被中国佛教徒中国化了。儒教学者一方面批判地吸收了佛教的某些思想，充实了自己；另一方面又把自己的思想注入了佛教教义之中，经过这样的融合和兼收，也就构成了一种既符合中国的农耕经济，又渗入佛教核心理念的平衡观念，即人在追求现实与理想、出世与入世、灵与肉、身与心之间的平衡与和谐。

总之，基于农耕经济的上述几种精神，表明了中国传统文化、传统建筑文化和谐理念产生的必然性。

第四节　社会结构

人类的建筑思想文化是在一定的社会结构中产生的。"如果说自然环境为人类提供文化创造的地理舞台，那么社会结构则为人类提供文化创造的组织舞台。"[1] 中国古建筑和谐理念的产生，也离不开中国古代社会特定的社会结构。

"人是社会化的动物。社会性是人区别于一般动物的标志。社会

---

① 何晓明、曹流：《中国文化概论》，首都经济贸易大学出版社 2007 年版，第 45 页。

结构是人的社会性的外化形式。"① 我国的社会结构，是由古代的社会制度和组织发生的种种变迁，以社会组织关系为主体，由血缘向地缘进化，大致有氏族社会遗留下来的以父系家长为中心、奴隶社会以嫡长子继承制为基本原则、封建社会以地主阶级专政为基础的三个阶段，其社会结构分别是：氏族制的社会结构、宗法制的社会结构及君主专制的社会结构。

一　氏族制

氏族社会可分为两个阶段：母系氏族社会和父系氏族社会。在远古时期，氏族关系主要体现为男女通婚关系及由此形成的氏族关系。"氏族是以血缘关系结成的基本社会单位，它具有血缘与政治的双重意义。"② 母系氏族制和父系氏族制是原始社会晚期相衔接而又有区别的两种社会制度。

母系氏族是以母系血缘维系的并且由母系关系传递，由母亲传给女儿，由女儿传给孙女，依次类推。其形成的原因是：因为实行族外婚，子女跟随母亲，只知其母而不知其父。青壮年男子担任狩猎、捕鱼和防御野兽等任务，妇女担任采集食物、烧烤食品、缝制衣服，养育老幼等繁重任务。妇女从事的采集比男子从事的狩猎有比较稳定的性质，居经济生活的主导地位，具有重要的经济意义。她们是氏族组织中的重要成员，她们的活动是为了氏族集体的利益，具有重要的社会意义，对维系氏族的生存和繁殖都起着极为重要的作用。上古神话中最伟大的形象——补天的女娲，孕育太阳的羲，还有掌管不死之药的西王母，都是女性，充分证明这个时期先民们生活在母系氏族社会。母系氏族社会贯穿整个新石器时代，这个时代充满着对女性的崇拜。

---

① 何晓明、曹流：《中国文化概论》，首都经济贸易大学出版社 2007 年版，第 45 页。
② 同上。

母系社会晚期，随着粗耘农业充分发展，男子变为社会经济活动的主力。犁耕使劳动强度变大，一般只有男子才能胜任，加强了男子在农业生产中的地位，母权被颠覆。婚姻由不固定的男女结合过渡为"一男一女"结为夫妻关系的单偶婚，不仅为人类道德水准的进步产生了重大影响，而且改变了社会组织结构——"家庭"由此诞生。更重要的是，改变了人们只知其母不知其父的混乱状况，从而以父系血缘计算世系，父系家庭由此诞生，社会进入铜石并用时代。这个时期，由女性崇拜逐渐变成了对父系祖先的崇拜。中国神话传说中五帝（黄帝、颛顼、帝喾、唐尧、虞舜）生活在这一时期。同时社会结构发生了根本变化，原始公有制崩溃，私有制诞生。在建筑方面，由原来的不固定的偶婚居住的大房子到一夫一妻的单偶婚的家庭居住的小房子。

这个时期的建筑是一个从树上来到树下，从地下转到地上的过程，而母系社会晚期和父系社会早期的过渡期，出现了真正意义上的建筑。而这种建筑也是随着社会结构的改变以及文化图腾的演变而形成的。《易·系辞》曰："上古穴居而野处。"旧石器时代原始人居住在岩洞里，这种大自然赐予的洞穴是当时一种较普遍的居住方式。

巢居也是原始社会的一种重要建筑。从"上古之世，人民少而禽兽众，人民不胜禽兽虫蛇，有圣人作，构木为巢，以避群害"。[1]及"下者为巢，上者为营窟"[2]，不难看出，巢居是为应对地势低洼、气候潮湿而多虫蛇的环境采用过的一种原始居住方式。这也是先民们把建筑和地形地貌及气候相结合，无意识中达成建筑与环境和谐，从而获得人与自然和谐的先例。

而真正意义上的"建筑"诞生，始于农耕社会的到来。这个时期，人们开始用劳动创造生活，由被动地接受到开始主动地把握自己

---

① 《韩非子》，李维新等注译，中州古籍出版社2009年版，第464页。
② 《孟子》，万丽华、蓝旭译注，中华书局2010年版，第101页。

的命运，除靠狩猎、捕捞等天然赐予的生存，变为自主耕种，获得了更广阔多样的生存条件和空间，同时也进入了人工营造屋室的新阶段——真正意义上的"建筑"诞生了。不仅由半地穴式进展到地面建筑，并且有了分隔成几个房间的房屋——这便是母系氏族进入父系氏族，不固定的偶婚变为单偶婚后，建筑形式适应社会结构的变化：由大房子变为一夫一妻制家庭使用的小房子。这是古人无意识中用建筑传达的一个人与人和谐的象征手法。

二　宗法制

溯其源头，宗法制始于原始社会父系家长制，家庭公社成员之间牢固的亲族血缘关系。宗法制度兼备政治权利统治和血亲道德制约的双重功能，这一特点，既奠定了中国传统制度文化的定式，又形成了"家国同构"，即家庭、家族与国家在统治形式和组织制度方面的统一性。这也是古代中国制度文化区别于印度、欧洲的根本之处。这种社会制度的土壤，滋生了中国的封建文化。封建文化又奠定和涵养了中国的传统文化。这种传统文化又深刻影响了中国古建筑文化，而以这种建筑文化进行的建筑实践又反过来体现了这种社会结构和传统文化。

宗法制的确立可以上溯到西周，这种庞大、复杂而有序的血缘和政治的社会体系的最高统治者是自命"天子"，"奉天承运"的君王，他们以君权神授的名义治理天下臣民。在政治上，他们是君王，是天下的共主；在宗法上，又是天下大宗。周朝的分封制，首先由宗法制，而后又衍化成分封制，即天子分封其诸子（嫡长子继承王位），然后把天下若干土地和百姓分封给其他王子，依次类推，世代继承。

在宗法制度下，不论同姓还是异姓，都被宗族血缘关系串联为一体，宗法制度的社会结构，既有积极的一面，也有消极的一面。积极的一面是：单独的社会分子被血缘关系连接为一体，能够克服单个分子无法克服的困难，以宗族整体来抗拒自然灾难和社会祸乱；消极方面是：宗族制约限制了人们社会关系的多样化发展，阻滞了社会进步。宗法制赖以存在的基础是家族制。"由一个男性先祖的子孙团聚而成的家族，因其经济利益和文化形态的一致，形成稳固的往往超越朝代的社会实体，成为社会肌体生生不息的细胞。这种家族制度虽几经起伏却不绝如缕，贯穿于西周以后的数千年间。"① 事实上，这种家族制度所体现的就是中国千百年来久盛不衰的族权，而在西周宗法制度下，族权与政权是二合一的，只是到了秦汉以后，郡县制取代分封制，政权与族权开始趋向分离。

宗法制因素的长期遗存，给中华民族的社会结构、社会心理形成深刻的印象。这种影响从多个方面体现出来。首先，浓烈的孝亲情感。表现在对死去先祖的隆重祭奠，对长辈的绝对服从，在文化层面的高度总结是："百善孝为先"，忠君、敬长、从兄、尊上都是孝道的延伸。其次，表现在对传统的极端尊重，追求"道"同，讲求"文"同，主张"复古"，连医生都推崇祖传秘方。这种表现有积极的意义：大大强化了中华文化的延续力，使之绵延不断；而消极的方面，则是造成了因循守成的倾向，制约了进取和创新精神。最后，伦理学空前繁盛，当仁不让地成为中华社会首屈一指的文化门类。

当然，社会总是在前进的，社会结构也总是在变化的，尽管有时缓慢，有时迅速，但中国的社会结构变化却是在既有规律又快慢无序的情况下发展的。

我国宗法制历时久远，在中国传统的宗法意识中，"宗"与"族"概念不同："族"是指全体有血统关系的人为一族，无主从之别；"宗"则指在亲族中奉一人为主。"宗"有根本主旨之意，由宗族长老直接引申为政权统治者，所以中国漫长的封建社会当中，政权和族权往往并存，由族而政，形成一种家国同构的"宗法专制"社会系

① 何晓明、曹流：《中国文化概论》，首都经济贸易大学出版社2007年版，第51页。

统。由此可见，宗法制度源于氏族社会血缘纽带解体不充分，是一种变形不变性的产物。

综上所述，宗法制有几个特点：一是嫡长子继承王位、国君位，其余的庶子一律分封出去。二是诸侯之封分为公、侯、伯、子、男五个等级，诸侯再将部分国土分封给卿大夫作为采邑，卿大夫又将部分采邑分发作为禄田。三是严格的宗庙祭祀制度，宗法制度以血缘亲疏来辨别同宗子孙的尊卑等级关系，以维系宗族的团结，故十分强调"尊祖敬宗"。宗法之"宗"，"宀"为房顶，"示"为神主，合指供奉神主之位的庙宇，其原始义为"尊祖庙也"。

宗法制在当时和后来的建筑文化、建筑实践中体现得尤其明显。西周是中国奴隶制社会的发达时期，最高统治者处于绝对权威地位，称为"天子"，因此周人必须把"天"的意志摆在首要地位。在城市营造中突出"天命"的思想，最典型的就是明堂、宫室、宗庙等的规划建筑："太室"居中，且"太室"之上，为圆屋以覆之，而处于四屋之上。"圆屋"正是"天圆地方"，以获得与"天"一致的具体体现，潜意识里取得了一种和谐的氛围。

宗庙建筑既体现了宗法制度下的祖先崇拜，又体现了分封等级制。《礼记》中有"凡宫室营造，宗庙为先"的说法，对于祭祀先祖的祠庙建筑的设置，也按照不同的等级划分，"天子七庙，三昭三穆，与大（太）祖之庙而七……庶人祭于寝"① 正体现了这种等级观念。

祠堂既是宗法制度下重要的祠祀建筑场所，又是行使宗法权力的空间。人们以血缘关系为纽带聚族而居，死后同葬一块墓地。同宗的人们祭祀着共同的祖先，在这样的建筑群落中，族中的长老有着绝对的权威，重要的事情，由族中的长老在祠堂中裁决。

---

① 戴胜编：《礼记·王制》，时代文艺出版社 2003 年版，第 55 页。

宗法制度下的社会结构，对建筑的影响是深远而广泛的，上至宫室、宗庙，下至民间家庭的居住空间，如北方的四合院建筑群或南方的大宅院。家中长者必须居于建筑群中最尊贵的位置——主院的正房。晚辈则住在侧院或院中的两厢，而仆人只能住在倒座屋的侧院小屋中。南方建筑中，在中轴线上布置一系列较大的院落，而在中轴线两侧，则布置一些尺度明显要小的小型院落。人们依据自己在家族中的地位，居住在特定的院落或房间中，不得有丝毫的逾越。

三 君主专制

战国以来，宗法制度的古典形态逐渐解体，然其遗存却长期深藏于政权、族权、神权、夫权之中，而且"这四种权力——政权、族权、神权、夫权，代表了全部封建宗法的思想和制度"。[①] 获得相对完备形态的君主专制制度与宗法制度的遗存互为表里，形成"宗法一专制"的"家国同构"社会系统。而随着时间的推移和时代的发展，到了秦始皇时代，封建统治者和其思想库、智囊团也在不断地总结历史，变革当今，他们从周朝的宗法制最终导致周天子鞭长莫及，天下战乱频仍中吸取教训，创建自认为更进步的统治制度——君主专制、中央集权。

秦始皇变周朝的"分封制"为当朝的"郡县制"，"天子之事无大小皆决于上"[②]。把国家权力高度集中于中央，中央权力绝对集中于君主，皇帝本人集立法、司法、行政、军事、财政等各项大权于一身。而中央集权制正如上文所说，君主专制制度由"分封"变为"郡县"，而皇帝则是世袭的，皇帝的宗庙则是整个天下的宗庙。各郡县掌管，尽管不是皇帝的嫡亲子弟，但整个国还是皇帝氏族的大

---

① 毛泽东：《湖南农民运动考察报告》，《毛泽东选集》（一卷本），人民出版社 1966年版，第 33 页。

② 司马迁：《史记》，线装书局 2006 年版，第 34 页。

"家"。并且这种君主专制的集权制度，一再被强化，"皇帝集权的法律形式是'口含天宪'，言出法行。一言兴邦，一言丧邦，全在帝王意志的须臾闪念之中"①。皇帝的个人意志，以法律的形式严整地表达出来，使得法律成为帝王手中随意捏搓的面团。"古者天下散乱，莫之能一，是以诸侯并作，语皆道古以害今，饰虚言以乱实，人善其所学，以非上之所建立。今皇帝并有天下，别黑白而定一尊。私学而相与非法教，人闻令下，各以其学议之，入则心非，出则巷议，夸主以为名，异取以为高，率群下以造谤。如此弗禁，则主势降乎上，党与成乎下，禁之便。"② 这是秦主张法制的李斯，对君主专制的精妙诠释，可以说一语破的地说穿了君主专制、中央集权的极端化，以至于后来的历代皇帝效行不悖。《康熙朝东华录》中有："今大小事务，皆朕一人亲理，无可旁贷。若将要务分任于人，则断不可行。所以无论巨细，朕心躬自断制。"正是这种高度君主专制的延续。

从周代诸侯分封制的血缘社会组织结构到秦始皇的郡县制的地缘社会组织结构，两者之间表现形态的差异，又有统治理念的相通。秦以后的中央机构，总的来说，沿袭了秦朝的"三公九卿制"，即使从隋唐开始及其后的"三省六部制"，抑或是再后来的"州县制""省府县制"，基本是一脉相承的。而贯穿于这种社会结构的文化理念就是森严的等级制度。这个制度的根本就是要人们遵从并安分于自己所处的等级阶层并从思想上认为是天经地义的，因为只有这样，才能维护统治者的利益，达到一种严格等级制度下的社会和谐。

秦汉以来，随着君主专制制度的不断强化，统治者也不断地为这种专制提供和制造理论基础。西汉董仲舒把"孔儒之学"以"人"为核心的本质意义、外在的社会等级制度和历史传统转化为内在的道

---

① 白晨曦：《天人合一：从哲学到建筑——基于传统哲学观的中国建筑文化研究》，博士学位论文，中国社会科学院，2003 年，第 45 页。

② 司马迁：《史记》，线装书局 2006 年版，第 33 页。

德伦理的自觉要求，并力图使之神化："为人主者法天之行"，君主之神明源于天，君权神授，把君主的专制说成上天所授，皇帝是天帝降到人间统治百姓的，是为"天子"。董仲舒又据此创造出"三纲"理论，即"君为臣纲，父为子纲，夫为妻纲"。而"君为臣纲"赫然居于"三纲"之首，从意识形态、思想观念里奠定了君主专制不可动摇的神圣基础，是对儒家的核心理念"礼、仁"进一步的伦理化、法理化，把封建统治者的君主专制饰以"礼、仁"的天经地义的漂亮外衣，以求让人们在温情脉脉的"礼、仁"的面孔下自觉地和统治者达成所谓的"礼乐和谐"，使人们形成对专制君主无限恐惧和绝对服从的心理，掩盖冷酷的专制制度。

宋代程（程颢、程颐）、朱（朱熹），又从另一个角度使君主专制理学化。《程氏易传》说："上下之分，尊卑之义，理之当也，理之本也。"《朱子语类》中有"君尊于上，臣卑于下，尊卑大小，截然不犯"。他们特别强调父子君臣，天下之定理，如果臣违背君的意愿，是为犯上僭越；子违背父的意愿，是为不孝悖逆。故产生了"君君、臣臣、父父、子子"的封建纲常。宋明以后，君主统治愈加专制，与理学化的"君尊臣卑"互为表里。

而这种理念，必然要从建筑实践中表现出来。建筑往往是一个统治者思想的凝练、概括和彰显。孔府是等级社会大贵族府第，孔府的建筑理念兼有宗法制和君主制的双重特征，其建筑设计的规模、位置、装饰都显示出居者地位的差别。早期的孔府建筑，是比较典型的家族建筑，所显示的是孔府里的主仆之别、长幼之别，随着历代统治者为了自己的统治需要，给孔子加戴了许多光彩耀目的桂冠和对孔府乃至孔庙进行了不同规模的扩建和整修，孔府也逐渐融入了君主制理念的特点。为了保证一个社会有足够的道德价值约束和伦理规范，建筑便成为了帝王按照自己的意志体现人在社会中的千差万别，勾勒出在人民心目中高高在上、遥不可及的形象的重要手段。明清故宫的设计思想是体现帝王权力的，它的总体艺术色彩和建筑流派所用于体现封建宗法礼制和象征帝王权威的精神感染作用，要比实际使用功能更为重要。皇权所显示整齐严肃的气概，使宫殿艺术成为一系列封建等级思想的载体。

第二章

朴素自然的建筑实用意识——
人与自然的和谐关系

建筑，作为人与自然联系的一种重要载体，随着人与自然关系的发展而发展。建筑最初只是庇护人类活动的掩体。

> 古者人之始生，未有宫室之时，因丘陵掘穴而处焉。圣王虑之，以为掘穴，曰冬可以避风寒。逮夏，下润湿，上熏蒸，恐伤民之气，于是作为宫室而利。①

> 当尧之时，水逆行，泛滥于中国，蛇龙居之，民无所定；下者为巢，上者为营窟。《书》曰："洚水者，洪水也。"禹掘地而注入海，驱蛇龙而放之菹，水由地中行，江、淮、河、汉是也，险阻既远，鸟兽之害人者消，然后人得平土而居之。②

以上引文清晰地说明，早期的建筑是因为人们需要借助其荫庇自己、保护自己、使自己能够屏障和躲避自然与自然环境中的其他物类的侵害。"先人们对建筑本源性的需求，最基本的是遮蔽性的需求，以对抗自然环

---

① 《墨子》，高秀昌译注，中州古籍出版社 2008 年版，第 142 页。
② 《孟子·滕文公下》，（东汉）赵歧注，中华书局 1998 年版，第 203 页。

境之恶劣。"① 由此可见，是建筑实用意识把人和自然有机地连在一起，无论是掘地而处的"穴居"，还是"构木而巢"的"巢居"，建筑只不过是供人们避风雨及躲禽兽等的"容器"，是先民们对基本安全需要的一种"筑垒"和"构建"，是对自然环境和气候的本能防护。

当然，和其他事物一样，建筑也是随着人类智慧的增长而发展。由最初的本能潜意识的建筑逐步演变为自觉有意识的建筑，由最初最简单的抵御防护功能扩展为能赋予某种意义的建筑语言的功能，这就出现了多种形式、多种元素的建筑，进而经过长期的积淀和筛选，梳理扬弃，成为富有民族特色、地域特色、宗教特色等的建筑文化。从世界各国建筑历史和建筑文化的发展不难看出，建筑的基本功能是避害趋利，而后来的诸多功能则是人类这种高智商动物对建筑、建筑含义的外延，而这种外延，就使得建筑超于建筑本身，而不仅仅是一种物质功能，还有精神活动的内容，从而蕴含了更深、更广的象征意义及丰富的建筑语言。

如前文所述，中国有着特殊的自然环境：偏居一方且相对封闭；土地肥沃、物产丰富、气候温润、濒临浩瀚的海洋，深居富饶的大陆中心，有世界最高的高原和峭壁深谷的山脉，有起伏的丘陵，有辽阔的沙漠和草原，有土壤肥沃的冲积平原，也有河流如织的水乡，天然拥有黄河流域和长江流域两个滋养区域。这种半封闭的大陆—海岸型地貌，很适合于农耕文化的早期萌生和发展。"因为中国人由农业进入文明，对于大自然……是父子亲和的关系，没有奴役自然的态度。"② 于是，人们对于这个生于斯，长于斯，文明发展于斯的大自然自然而然怀有亲近之感："在世界古代各文化系统中，没有任何系统的文化，人与自然，曾发生过像中国古代那样的亲和关系。"③ 《中

① 秦红岭：《建筑的伦理意蕴》，中国建筑工业出版社 2006 年版，第 24 页。
② 宗白华：《艺术与中国社会》，上海文艺出版社 1991 年版，第 69 页。
③ 徐复观：《中国艺术精神》，春风文艺出版社 1987 年版，第 193 页。

庸》说："尽人之性，则能尽物之性；能尽物之性，则可以赞天地之化育，则可以天地参矣。"孟子在《孟子·万章上》说："莫为之而为者，天也；莫之致而至者，命也。"

古代先贤在天然地形中探究自然之规律，故我们的民族文化和地域文化相辅相成。当然这种对自然的认识，也经历了长期探讨、争论，乃至实践。古人对"天"这个既有形又无形的概念，历经敬畏、无奈、顺从、亲近的反反复复，终于落脚于尽可能的"和谐"相处。"天"本身含义有些模糊，有时似乎是有意志的上帝，有时似乎是一种有智力、有意志的大自然，有时又似乎是客观物质存在的和"地"相对的事物。正是这种对"天"的多种理解，在古人眼里，"天"有时似乎简单到虚无，有时又似乎复杂到神秘。基于这种认识，古人赋予"天"一种不可抗拒的威力，这样，在"天"这个无垠的空间里，所发生的种种自然力的现象，都被看作"天"的意志或神力，而在这种意志或神力笼罩下的自然智慧之一——"人"在遭遇到来自所谓"天"的种种虐害之后，逐渐意识到"天"和"人"的关系，应该是并行不悖、亲近和谐的关系。认为只有这样，人类才能够安全地、顺利地生存和发展，况且很多事实和现象也都证明了这一点。于是，"天人合一"理念应运而生。而要表达和实现这一理念，最直接的表现形式就是建筑。

中国古代哲学流派众多，诸子百家争鸣，再加上某些时期学术探讨的环境相对宽松，所以"天""地""人"之间的关系也就有多种诠释。

在《周易》里，把人和社会看得很重要，重视人的主观能动作用，把"人"作为主体看待，"天人之间存在内在联系，借天例人，推天道以明人事，这就是'天人一理'"①。——就是人们常说

---

① 杨文衡：《中国风水十讲》，华夏出版社 2007 年版，第 119 页。

的"天理"，即做好事天报以福，做坏事天报以祸，在当时他们认为这是天经地义的、非常自然的。汉代的董仲舒还由此进一步发展了"天人感应"说，主要观点是："天人一体"，"相感相应"，认为自然现象都是上天意志的表现，灾异怪变以及吉利瑞祥，都是受天感应后施加于人的奖惩，进而衍生出"黄天阴阳变异"以至于后来演变成"风水"学说。尽管这些学说，渗融着某些迷信意识，但对于"天人合一""天地和谐"等理念形成的作用和影响不可小觑。

风水学家认为，"天""地"相通，是一个整体，天分星宿，地列山川，认为地球上的山形与天上的星体相合。天空星座分东、南、西、北、中即"五宫"，"地"有"五岳"，东、南、西、北、中，上下对应，相契相合。尽管有些牵强附会，但反映的是古人的"天地合一""上下和谐"的理念。

至于"人"和"地"的关系，更是十分密切。"人"生于"地"，"人"存于"地"，"人"向大地汲取五谷万物。"人"通过建筑，植根于大地，"人们择地而居，选择较好的地理环境，实际上是选址较好的生态环境"[①]。"地灵则人杰，宅吉即人荣。"[②] 更是对人、地之间的和谐关系做了最好的注脚，深刻地揭示了"人""地"之间的不可分割的亲密关系。

古人已认识到三者同等重要，"人"与"天""地"并称"三才"。中国人和西方人对于"天""人"关系有着不同的研究，中国人喜欢把"天"与"人"配合着讲，西方人喜欢把"天"与"人"分开来讲。西方人认为，"人生"之外别有天命，把"天命"和"人生"分为两个层次，两个场面来讲。中国人则把"天命"和"人生"合而为一。这种意

---

① 杨文衡：《中国风水十讲》，华夏出版社 2007 年版，第 120 页。
② 同上。

识奠定了中国文化的和谐基础，并进一步奠定了中国建筑理念的和谐性。不仅于此，中国的传统哲学中，由老子开始深深地植入了"气"的概念："道生一，一生二，二生三，三生万物"。把"天""地""人"纳入一个不可分割的"气场"，而这个"气场"就是："天""地""宇宙万物"及"人"共同生成的和谐。归纳起来，大致有以下几点："天圆地方"的宇宙形态观，"天人合一"的哲学观，"环境平衡"的生态观，"因地制宜"的自然观，"象天法地"的对应观。

这种理论体系的框架，自然而然地影响到了这个大"气场"中最主要的物质存在——人类建筑。老子曰："象天、法地、法人、法自然"，正是这种理论体系的延伸和实践。中国古建筑也就以其特有的相地堪舆的建筑选址、契合自然的建筑布局、蕴藉自然的建筑数字、取法自然的建筑质地、融入自然的建筑色彩等元素特征印证着人与自然和谐的理念。

第一节　建筑选址：相地堪舆

"地善即苗茂，宅吉即人荣。"[①] 短短十个字道出建筑选址的精髓：地善与宅吉关系着事业的兴隆与家丁的兴旺。

"夫宅者，乃阴阳之枢纽，人伦之规模……故宅者，人之本，人以宅为家居，若安则家代昌吉，若不安则门族衰微。"[②]"阴、阳"即"风水"——这便是被古人看得很神秘的所谓风水学术。

风水术是中国古代人环境选择的学问，又称山水、堪舆、青乌等。"风水是集天文学、地理学、环境学、建筑学、规划学、园林学、伦理学、预测学、人体学、美学于一体。"[③] 风水学中贯穿的一

---

① 老根编著：《黄帝宅经》，中国戏剧出版社 1999 年版，第 3 页。
② 同上书，第 5 页。
③ 楼庆西：《中国古建筑二十讲》，生活·读书·新知三联书店 2003 年版，第 299 页。

条主线，就是生态环境选择思想。早期的风水学，是人类一种对既能躲避自然灾害，又有丰富食物资源的生存环境的下意识选择。"它的历史相当久远，早在先秦时期已孕育萌芽，汉代已初步形成，魏晋、南北朝、隋唐时期逐步走向成熟，到明清已达到泛滥局面。"① 由此可以看出，中国风水学源远流长，涵盖深广，既有大地山川的地理概念，也有春秋四季的节令内容，还有天空二十八星宿的四象概念。"风水说"始终强调这样一个整体环境模式："左青龙，右白虎，前朱雀，后玄武。"这一模式的理想状态是《葬书》所说的"玄武垂头，朱雀翔舞，青龙蜿蜒，白虎驯俯"，如图2-1所示。

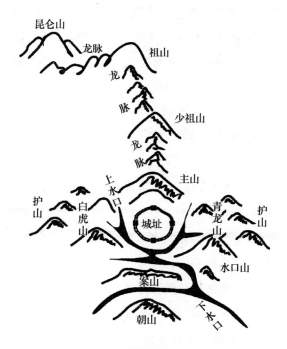

图2-1 理想的城址模式示意图

———————————

① 林皎皎：《中国古代建筑与传统文化》，《福建农林大学学报》（哲学社会科学版）2004年第1期。

"四象"又称"四宫",即古人根据星空中二十八星宿所处的位置,假想为动物的形象来象征,即东方七个星宿,根据其位置,列一个假想连线,大致构成一个"龙"的轮廓,故为"东方青龙"之象。西方"七个星宿",连线后成老虎的轮廓,故为"西方白虎"之象;南方七个星宿,连线后为一个大鸟的形象,故为"南方朱雀"之象;北方七个星宿,假想连线后,形似乌龟,故为"北方玄武"之象。天上四象和一年四季又相互对应,苍龙为春,朱雀为夏,白虎为秋,玄武为东。古人据春分前后初昏时期的天象测定四象。春分这一天的确定,是划分四季的关键。随着环境知识的积累和人类社会的发展,加之风水学家不断糅合、接受儒、道、佛等宗教思想,逐步形成了较完备的风水学理论系统,以至于千百年来久盛不衰。

郭璞在《葬经》中,给风水定义如下:"气乘风则散,界水则止。古人聚之使不散,行之使有之,故谓之风水。风水之法,得水为上,藏风次之。"可见,"藏风、聚气、得水"是风水理念的关键,更是建筑选址的主要参照依据。

为了获得理想的"藏风、聚气、得水"的空间,一般来说奉行的一个总原则就是要具备封闭式的环境单元。这种单元一般被称为太极,《地理知止》中有"既有天地,天一太极,地一太极,所生万物,又各一太极,故地理太祖,一龙之终始,所占之疆域,所收之山水,合成一圈,此一太极也。少祖一龙之终始,所开之城垣,合成一圈,此又一太极也。祖宗一龙之终始,所开之堂局,合成一圈,此又一太极也。父母、主星所开之龙虎,合成一圈,此又一太极也"。这里可以看出,按地貌的大小单元来划分太极等级,从太祖到父母,依次分为四级。太祖为一级,少祖为二级,祖宗为三级,父母、主星为四级。根据太极大小来安排都城、城镇、乡聚、民宅。一级太极可建都城,二级、三级太极可建城镇乡聚,四级太极宜建村落民宅。在同级太极中,又按地形结构分三层,即外太极,中太极,内太极。各级太极有一定的地域面积要求。而选取的位置，一般是依山者甚多，且有水可通舟船，在风水理念中，山水都具有了一定的灵气，故在选址时必须予以考虑。

中国从原始巢居、穴居到原始村落、民宅以至后来的都城、宫殿等，其建筑选址，无不受其影响。归纳起来，大都沿着趋利避害、阴阳相合，充分借助自然的生态环境优势，背阴向阳，充分体现"天、地、人"和谐关系的理念进行。

一　原始巢居、穴居：因地制宜

史前时期，我们的祖先在恶劣的环境中，为了躲避风、雨、毒蛇、猛兽的侵袭，本能地爬到树上，逐渐在树上筑巢作为自身庇护之所，被称为巢居。另一种是利用天然山洞或挖土为穴而居之，被称为穴居。巢居多在低处、地面潮湿，主要在我国南方；穴居多在高处，地面干燥，土层较厚，主要在我国北方。因此可以说，"巢"和"穴"是建筑发生的两个主要渊源。这是先民们一种原始的、混沌的、下意识的对大自然的亲近和利用。史书中颇多关于巢居和穴居的文献记载，如《韩非子·五蠹》："上古之世，人民少而禽兽众，人民不胜鸟兽虫蛇，有圣人作，构木为巢，以避群害，而民悦之，使王天下，号曰有巢氏。"[1]　《淮南子·氾论训》："古者民泽处复穴，冬日则不胜霜雪雾露，夏日则不胜暑蛰蚊虻。圣人乃作，为之筑土构木，以为宫室，上栋下宇，以蔽风雨，以避寒暑，而百姓安之。"

巢居，实质上是远古时代"猿人"树上生活方式的延续，也是后来中国建筑穿斗结构的主要渊源，其发展经历了如下序列："独木槽巢（在一棵树上构巢）、多木槽巢（在相邻的四棵树上架屋）—干阑式建筑（由桩、柱构成架空基地座的"宫"形建筑）。"[2]　如图 2-2 所示。

---

[1]　《韩非子》，李维新译注，中州古籍出版社 2009 年版，第 464 页。
[2]　白晨曦：《天人合一：从哲学到建筑——基于传统哲学观的中国建筑文化研究》，博士学位论文，中国社会科学院，2003 年，第 121 页。

图2-2　巢居发展序列示意图

浙江余姚河姆渡遗址（发掘于 1973 年），在吴兴钱山漾甲区，"这一层发现木桩很多……按东西向树立，长方形，东西长约 2.5 米，南北宽约 1.9 米，正中有一根长木，径 11 厘米，似乎起着'凛脊'的作用，上面盖有几层大幅的竹席"。乙区"木桩只有东边的一排尚完整，排列密集，正中也有一根长木，径 18 厘米，上面盖着大幅树皮、芦苇和竹席"①。杨鸿勋先生认为，巢居的建筑主要取材于树木，因此在木结构技术方面，很早就取得了惊人的成就。

这种插木入土筑屋的建筑形式，是史前时代晚期的构筑方式，如今在云南的傣族、景颇族、德昂族等地区仍然可见，如图 2-3 所示。据考古学家和建筑史学家研究，这里由于文化比较封闭，所以建筑原型特征至今仍然存在。

进入氏族社会后，随着人类智慧的发展，天然洞穴已不能满足居住的需求，人工洞穴应运而生，且创造了更加适合人类活动的多种洞穴形式，如原始社会晚期，广泛采用的竖穴上覆盖草顶的穴居形式，

---

① 浙江省文物管理委员会：《吴兴钱山漾第一、二次发掘报告》，《考古学报》1960年第 2 期。

图 2-3　云南傣族、景颇族、德昂族等民居示意图

而后随着社会结构的改变和营建经验的积累及技术水平的提高，又从竖穴穴居发展到半穴居，最终被地面建筑所取代。

穴居主要源于北方黄土地带，是中国建筑土木混合结构的主要渊源。其发展序列如下："横穴（黄土阶段）—半横穴—袋形竖穴—袋形半穴居—直壁半穴居—原始地面建筑—地面建筑—地面分室建筑。"① 如图 2-4 所示。

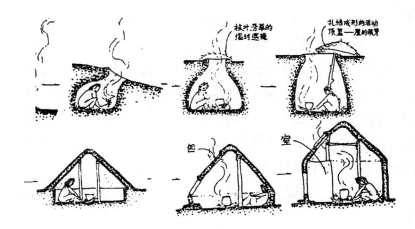

图 2-4　穴居发展序列示意图

___

① 刘叙杰：《中国古代建筑史》，中国建筑工业出版社 2003 年版，第 28 页。

六千年前新石器时期仰韶文化的房屋遗址，考古学家已经有了很多发现，"遗址的分布以关中、晋南和豫西为中心，西到渭河上游以至洮河流域，东至河南远及汉水中上游，北达河套地区"。① 大都位于河流两岸的台地上，分布相当稠密。中国科学院的相关考古报告如下：

> 在农业生产为基础的条件下，仰韶文化的居民已经过着较为稳定的定居生活。当时最流行的房屋是一种半地穴式的建筑，平面呈圆角方形或长方形。门道是延伸于屋外的一条窄长狭道，作台阶或斜坡状。屋内中间有一个圆形或瓢形的火塘。墙壁和居住面均用草泥土涂敷。四壁各有壁柱，居住面的中间有四根主柱支撑着屋顶。屋顶用木椽架起，上面铺草或涂泥土。复原起来大致是四角锥式屋顶的房子。储存东西的窖穴，常挖在房子附近，有圆袋形、圆角长方形和口大底小的锅底形等几种类型。②

仰韶文化时期的典型代表西安半坡遗址（位于西安附近浐河中游长约 20 公里的一段河岸上）反映了这一时期穴居发展的情况。如图 2-5 所示。其反映的发展线索相当清晰，分早、中、晚三个阶段："早期为半穴居，即室内地面低于室累外地面，房屋的下半部空间是由土形成的，上半部空间主要为木质材料构筑而成；中期已由半穴居而使室内地面处于同一水平线上，其全部围护、支撑结构，均系构筑而成；晚期已把原先一个室内大空间进行分室建造，即将建筑内部空间按功能需求进行分割。"③

"史前时期的建筑基本上就是两类，即'下者为巢，上者为营窟'。

① 李允鉌：《华夏意匠——中国古典建筑设计原理分析》，天津大学出版社 2005 年版，第 83 页。
② 中国科学院考古研究所：《新中国的考古收获》，文物出版社 1961 年版，第 7—8 页。
③ 白晨曦：《天人合一：从哲学到建筑——基于传统哲学观的中国建筑文化研究》，博士学位论文，中国社会科学院，2003 年，第 124 页。

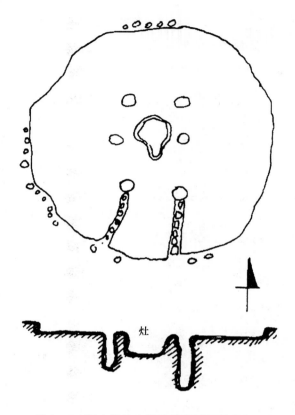

灶

图 2-5　西安半坡房屋遗址的平面图和剖面图

若以地理来分，则北方多居'营窟'，南方多居'橧巢'。"① 无论是北方的营窟还是南方的橧巢，都体现了因地制宜的建筑实用意识，不管是由树上转到地上，还是由地下转到地上，都是为了提高使用者的舒适度，是人们在创造过程中，进一步认识和利用自然，扩大建筑内部的生活空间，由粗糙到精致，由低级到高级的发展，而这一切都是以地形条件、实用效果为前提的。而这也是后来风水学理论的潜意识雏形。

_____

① 沈福煦：《中国古代建筑文化史》，上海古籍出版社 2002 年版，第 24 页。

二 原始村落、民宅：近水高基

随着原始农业的产生，先民们逐步进入依附田地的生活，也就出现了相对稳定的血缘关系组织定居的聚（聚落）。"这种'聚'不仅为氏族成员生时聚居处，也是死后按氏族血缘关系聚葬之所……'聚'的规划当包括居住、墓葬、农业生产基地、制陶等手工业基地以及畜牧场所等内涵，从而形成一个原始自然经济的生产与生活相结合的社会组织基本单位。这些'聚'，大多建在沿江河湖沼台地上，与所营的田地相毗邻。"① 由于聚落是一个群体有组织地居住和生活，为了聚落的生活生存需要，聚落基地的选址，也就有了一定的条件要求，比如，近水，聚落的定居，首先，要考虑满足生活用水和生产用水等需要而临近水源；其次，为了聚落的安全和居住者的生存需要，还要选择能防水的高地，以保证居住的舒适；最后，为了交通方便，还要选择河、道会合处，以避免交通阻隔。

位于陕西省临潼县城北姜寨仰韶文化遗址，地处临河东岸的第二台地上，面积约 5 万平方米，发掘于 1972—1979 年，年代公元前4600—前4400 年。该遗址选择在河流两岸的台地为基址，地势高亢，水土肥美，交通便利，耕牧发展，非常适宜于定居生活，且兼顾了居住区、制陶作业区和墓葬区多个分区，居住区外有壕堑维护，窑区设在堑外河边，墓葬区也在堑外，这样就形成了一个相对封闭，自给自足地互为照应的人与自然协调的生态环境。这种选址和规划，已经带有明显的相地堪舆意识。

"其实，早在约 6000 年前，就出现了东方苍龙、西方白虎的观念。"② 这个时期的环境选择，"是一种实用价值颇高的相地技术，相

---

① 白晨曦：《天人合一：从哲学到建筑——基于传统哲学观的中国建筑文化研究》，博士学位论文，中国社会科学院，2003 年，第 127 页。
② 杨文衡：《中国风水十讲》，华夏出版社 2007 年版，第 27 页。

地、相宅、相墓几乎是同时产生，故被后人称为相地术"。① 同时期
的陕西西安半坡聚落遗址，坐落在浐河东岸的台地上，依山傍水。在
居住区周围有一条宽6—8米、深5—6米的壕沟，既能加强防卫，防
止野兽侵扰和外敌入侵，又起到一定的住宅环保功能，这是古村落选
址中既借助自然地理环境，又加以人工辅助改造的典型代表。如
图2-6所示。

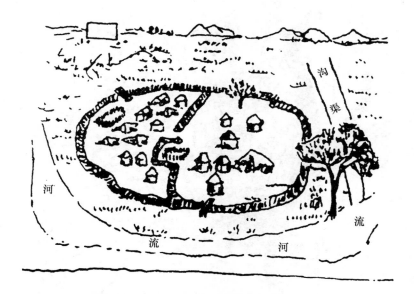

图2-6　陕西西安半坡遗址仰韶文化原始社会村落平面布局图

传统村落，作为聚落的一种基本类型，其环境空间与古代聚落遗
址的环境空间特点类似，特别注意与自然山水相契合，或背山面水，
或背山面田，自然山水成为村落选址的重要组成部分。在选址规划
中，受与天相生的自然观的影响，认为环境是一个有机的自然整体，
人必须与自然同生同息，因此，村落的营造，首先贴近自然。如以

---

① 杨文衡：《中国风水十讲》，华夏出版社2007年版，第27页。

"水"出名的传统村落安徽黟县宏村，位于安徽省黟县东北部，始建于南宋绍熙年间（1131年），背倚葱郁蔽日的雷岗山，面临逶迤蜿蜒的牛泉河，远有青山，近有古树，河水匝绕，充分体现了山为骨架，水为血脉的环境构想，整个村落完全融入大自然，是一种典型的依恋大地的人类聚落选址。如图2-7所示。

图2-7 宏村总平面示意图

三 都城、宫殿：依山傍势

随着父权的确立，人类进入父系社会阶段，产生了以男子为主的父系大家庭组织，家长成为大家庭的主宰者。家庭结构的变化，导致原来作为氏族聚落活动的"大房子"或广场渐渐消失，取而代之的是以男性为部落首领的宫室。在上述父系氏族部落规划的变革基础上，产生了作为部落联盟驻地的"邑"，为了加强防御能力，保护首领和富有者的财富和安全，开始构筑城墙，这便是我国原始城址雏形。这种城堡式的"邑"约形成于四千多年前，即进入奴隶社会的前夕。

《说文解字》云："城，以盛民也。"汉代刘熙《释名·释宫室》又云："城，盛也，盛受国都也。"把两者的意思合起来，就可得到一个清晰的信息：城中既住着许多百姓，又是国都即统治者的权力中心。王国维《殷周制度论》说："都邑者，政治与文化之标征也。"更明确地表明，城市、都邑尤其是历代国都是统治者盘桓之地，都是政治、军事堡垒，且具有经贸、文化、外交等多种功能。因此，都城的规划与建造，选址是非常重要的。它既要有原始村落、民宅的基本使用功能，如对山、水环境等的要求，也讲究更深刻的意象象征理念，还要在更广阔的范围内比如天与地的对应来显示地理环境上的意义，甚至涉及地质、水文、交通、城防等诸多方面，正所谓"相土尝水，依山傍势"。

发现于 1957 年的湖北天门市石家河古城遗址，该遗址位于天门市石家河镇以北约 1 公里处，是迄今为止湖北发现分布面积最大、保存最为完整的新石器时代聚落都城遗址，距今 4000—5000 年。其选址很有代表性。古城的北、西、南三面有丘陵环绕，是为依山傍势，东有东河由南曲折北流。如图 2-8 所示。

该城的选址充分考虑到山、水等地理环境的影响和城市的基本使用功能，同时也涉及军事防御、水路、交通等多种因素。《管子·乘马篇》说："凡立国都，非于大山之下，必于广川之上。高毋近旱而用水足，下毋近水而沟防省。因天材，就地利。"可见城址选择具有藏风得水、因地制宜的特点。随着时代的发展，相地术也在不断地发展和完善，至三国两晋时期，风水术开始流行，这个时期出现了晋代郭璞的风水代表作《葬经》。这部比较系统完整的风水著作，对后世

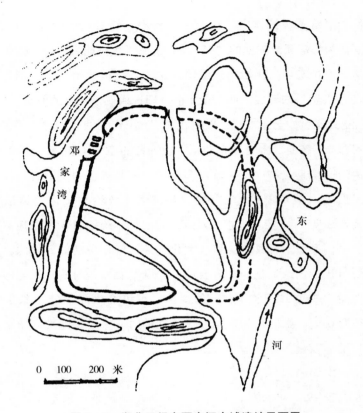

图 2 - 8 湖北天门市石家河古城遗址平面图

特别是都城、宫殿、阳宅、阴宅等选址，产生了巨大影响。

都城是一个国家一个王朝的象征和中心，"天子和诸侯们建城，首要的目的是建立一个能保卫自己的堡垒。一个控制自己统治区域的政治和军事中心"。① 基于这个目的，历代开国诸君或强国之君，规划与建造都城，都特别注重城址选择。当然，随着社会的变迁和朝代的更迭，封建帝王在都城选址中融进了有利于自己统治的理念。中国古代"王者必居土中"，天子居中心至尊之位，意味着他替天行道，

① 李允鉌：《华夏意匠——中国古典建筑设计原理分析》，天津大学出版社 2005 年版，第 383 页。

因而权威至高无上，以居中原则选择城址和规划城市。这种统治国家的思想，一直为统治者重视和继承，成为中国古代城市选址和规划的指导思想及设计理论。从另一个角度来说，帝王居其中，坐镇中轴，威压四方，也暗含着稳定天下、和谐四方的潜意识。

举世闻名的历史文化名城北京——明清的京都，其选址也充分体现这种人与自然和谐关系下的君临天下的王者之霸气。明金幼孜在《皇都大一统赋》说："北京实当天下之中，阴阳所和，寒暑弗爽。四方贡赋，道里适均。且沃壤千里，水有九河沧溟之雄，山有太行居庸之固。……维此北京，太祖所属。天靠地设，灵钟秀毓。总交汇于阴阳，尽灌输于海陆。南邻钜野，东瞰沧溟。西有太行之巉崄，北有居庸之峥嵘。泻玉泉之逶迤，贯金河而回萦。"北京南有巍巍太行的山脉，蜿蜒逶迤，奔腾而来，北有浩浩燕山山脉，罗列簇拥，形成所说的"龙脉"，森林覆盖，山色苍茫，另有来自黄土高原的桑干河和来自蒙古高原的洋河，汇合为永定河，形成藏风聚气，利于生态的宏观环境。由此可见，作为元大都奠定基础的北京城，元世祖忽必烈定都于此，从选址的角度来说，也是看重了这种"龙盘虎踞，形势雄伟，南控江淮，北连朔漠，且天子必居中以受四方朝觐"的威震四方、和谐天下的地理形势。如图 2-9 所示。

明代朱元璋始都于南京，也是注重了风水学上的"天人合一"的地理环境，南京北濒长江，为玄武；西为石头城，即白虎；东倚钟山，为青龙；南靠案山，为朱雀，"四兽"齐全，大江环绕，河湖相映，诸山合抱，符合紫微垣局。当年三国诸葛亮曾说："钟山龙盘，石头虎踞"，也就是后来的龙盘虎踞。朱元璋认为，这样的地理形势自然有帝王之气。另外，从环境角度看，南京城北临长江为天堑，东依钟山是天然屏障，再加上山岚众多，江河湖泊密布，丘陵平原地形复杂，山川险固，气象雄伟，良田肥美，物产丰韵，交通方便，自然成为建都的好地方。

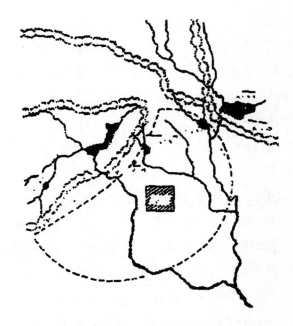

图 2-9　北京风水外局图

　　而被朱熹说成"四象"俱备"形局周密"的南京，实在只是一种外表征象。长江奔流至安徽芜湖后，不是直接东去，而是围着南京绕了一个半圆弧，然后东流入海。尽管长江绕城给龙气茂盛的南京山脉增添了不同凡响的气势，但自东向西逆行则犯了风水之忌。按中国风水术，龙逆水上顺水下，此乃逆势。南京东面的宁镇山脉走势，一方面印证出钟山确有王气。但是，祖山亏短，龙脉跌宕，笨秀有余而雄壮不足，后继乏力而天赋不足。诸葛亮论及南京时，一语道破玄机："钟山龙蟠，石城虎踞，实帝王之宅也！"可谓精妙绝伦。这里的"宅"，指的是风水术上的阴阳两宅，并非帝王之都。就是说，南京是阴阳两宅的风水宝地，若作为帝王之都，则又另当别论。

　　所以颇有见地的朱棣迁都北京，古人认为永乐皇帝是夺其侄皇位而登上龙位的。迁都是处于心理上的回避，而另一个原因是他认为南京金陵山形散而不聚，江流去而不留，非帝王之都也，也就是避讳南京的所谓"风水"，也可以说是违背了他心中"山水、人脉"之和谐。

　　由此看来，都城的选址，都遵循了一个基本的风水理念，即人与自然的相互依存关系。而南京城的选都和废都，则是一个事物的两种理解，归根结底，也是依据了这种理念。都城的选址理念既随着时代而变迁，又在很大程度上取决于帝王所信任的谋臣和规划师的观点，但总的来看，基本上沿袭着影响颇大、深入人心的风水、阴阳、五行理念，注重山、水、龙、砂（山）所构成的地理环境。"龙"是国人崇拜的图腾，都城在山川等地选址的时候，往往注重"龙脉"之说。由此，又引出"水"，因为"龙"在水中行，水是"龙"的血脉，所以，在古人的理念中，"龙"入深渊，则腾云驾雾；水中有"龙"，则灵异吉祥，其内在蕴含的哲理，也就是一种生态上的平衡。帝王往往要亲自或专门派亲信要员兼携阴阳先生勘察地形、地貌即"相土尝水"。还有，好多历史悠久的大城市，一般都力求建于河畔、江边、山阳，这表面看是求得风水中的"水脉"为吉利之地望，实际上也包含着一些合理的文化因素，在科学意义上，则注重了水为生命、生活之源，保障生态平衡之需。因为建造城市，倘若不解决水源问题，人口突然聚集，又如何保障生活之需、生存发展之需。另外，有江河之水，有利于交通；有高山屏障，又有利于攻守，这又是一种安宁、安全意义上的和谐。

　　宫殿，是帝王权威和统治的象征。中国古代宫殿在基址选择、因地制宜地塑造环境及空间、尺度方面，以群体布局的空间处理见长。早期的宫殿选址和都城、村落一样，也特别注重风水、阴阳。所不同的是，加进了"王者居中，君临天下"的主观理念。宫殿是城中之城，如中国封建社会末期的代表性建筑之一——北京故宫，它坐落在北京城1.6公里的轴线上，用连续的、对称的封闭空间形成逐步展开的建筑序列和规模宏大的建筑群，为了体现风水学的依山傍水之势，推土筑成其北部的万岁山（清代改成景山），宫阙主殿建在城市内的风水穴上；另外，又掘土为河，是为护城河，掘出的土修建成高大的城墙。宫殿建筑选址的基本理念，实质上是都城建筑选址的缩影，为了弥补自然风水地理的不足，不惜大兴土木，以人造的地理环境来实现风水的设想。

从中国古代建筑的发展轨迹来看，不管是巢居、穴居建造中的实用意识，还是后来的原始村落、都城、宫殿等建筑的风水理念，都要进行自然环境勘察，了解环境容量，因地制宜，尤其是村落、都城的选址规划，地小则建小城小宅，地大则建大城大宅。根据该地形地貌的承载能力，来确定环境容量和建设规模。归根结底，还是一种保持生态平衡、保持建筑与自然和谐并合理利用环境的选址方法。综合来说，选址主要考虑以下几个方面：

（一）看山

风水学认为，"寻龙先须问祖宗，看它分劈在何峰"[1]。可以看出建筑选址中"山"的重要性。在以山为主的选择中，具体做法有"十看"："一看祖山秀拔；二看龙形（即山脉起伏）变化；三看成形住结（成封闭式的形状，生气凝聚成结）；四看落头分明；五看脉归何处；六看穴内平窝；七看砂（即山）水会和；八看朝对有情；九看生死顺逆；十看阴阳缓急。"[2] 通过这十看，达到封闭式的龙、穴、砂、水四美具备。因此，建筑选址一般是选封闭式的地理环境，可以阻挡寒流，也可以根据需要选择山地的某个部位，使环境单元内的气温稳定，有利于生产和生活。

中国古建筑的选址，之所以看山，其目的是藏风聚气，所以封闭要求严密，这就需要山水多次环抱，形成层次，既有隔声挡风遮阳作用，又有敛财聚气之象征作用，还可以营造相对宁静的居住环境，这

---

① 杨文衡：《易学与生态环境》，中国书店 2003 年版，第 105 页。
② 同上。

种格式，层层相套，讲求山水大聚（国都），山水中聚（城镇），山水小聚（民宅）。《堪舆泄密》中认为："外山环抱者，风无所入，而内气聚。外山亏疏者，风有所入而内气散。气聚者暖，气散者冷。"正说明民宅选址看山的原则要求：避风是为了使一个地方的小气候温暖适宜，同时又不能散气散财。其根本还是把建筑和所处的地理环境保持协调平衡，互为裨益，充分利用大自然挡风遮阳、趋利避害，从而实现人与自然的和谐相处。

（二）得水

古建筑常在江河相汇处选址，又称"水汇"，这样的位置，常形成沃土平原，多成为较大的集聚地和城镇民宅。非常明显地看出人与自然生态和谐相处的考虑。

选址在河的一岸或两岸，一岸濒河而建，水源充足，交通方便，聚散通畅，自然形成地形地貌上的和谐有序。两岸夹河而居，隔河相望，分居自如，两岸或桥或船，自成情趣，对外或上或下，往来熙熙。水盈人气、人汲水源，相得益彰，一水携两岸，平和安宁，更显和谐平衡。

注重水质，水为生命之源，有水则有灵气，有水则有活力，故云："一方水土养一方人。"假如某地水色碧，水味甘，水气香，便是基址首选。假如某地水味酸涩，水色暗淡，那么这个地方便为劣地，一般风水先生是不会选这种地方建城镇、民宅的。

"得水"的选地原则，是古代地理学的具体内容，不论是两河相汇处，还是河流的一岸或两岸，都有利用河流发展交通，利用河水作饮水资源或农业上灌溉，抑或是作为军事防御的天然障碍，都有着人与自然、人类建筑与地形地貌的和谐相融的原则和理念在其中。

（三）择平原

不管是"看山"还是"得水"，风水学家都反对选址处毫无平地。因为不管是"依山"还是"傍水"，选址都应该在相对平整的地基上，选择山前平地、山间盆地、水畔平原，因为只有这样才能发展生产，便利交通，获取资源，居住舒适。以此为前提，再看周围山势水脉：一般要求背倚大山，前低后高，周围高凸，中央低平，形成封闭式的环境单元；有河流绕城通过，既可作为生产生活水源，又可作为天堑壕沟，还可作为水路交通。如果是在山坡，房屋建筑要选在阳坡。因为阳坡温暖，光照好，通风好，干燥不易生病。因此风水先生在选择都城、村落、民居等地址时，强调"负阴抱阳"或"背阴面阳"是有一定科学道理的。小户人家的住宅，虽然不必同都城选址那样讲究，但山地居民住宅选平坡，平原居民选高燥处，既有利于生产、生活，也有利于人体健康，正是人与自然和谐相处的意义所在，也正是中国古建筑文化和谐理念的实用价值所在。

除此之外，丘陵地区，适应地形的传统民居也有不少，如四川的"重台天井"、浙江山地院落、广东客家住宅、黄土地地带的地坑式院落民宅，都是因地制宜、适应自然而达到生态平衡的民居建筑形制。

四　陵墓：山水有灵

"阴宅选址其实内容跟阳宅选址类似，是古代孝道的体现。主要观念是'事死如事生'，把死去的先人按照活人一般对待，因此，阴宅选址跟阳宅选址的原理、原则是一样的。"[①] 风水作为风俗文化，最初是一种朴素的相地术，主要是用于阳宅，几乎与此同时，也开始替死人选择墓地。相地、相宅、相墓几乎是同时产生的，最早出现于6000 多年前的新石器时代。至春秋时代，选择墓地的原则已含有"负阴抱阳"的思想。太原市有一座春秋时代的古墓，后枕西山，面向汾水，印证了墓葬选址的这种思想。秦汉以后，相墓已不是春秋战国以前那样仅仅挑选好的地理环境，而是成了地理环境与荫庇思想结合的产物，这使得相墓原则包含着两个主要内容：第一，好的地理环

---

① 　杨文衡：《中国风水十讲》，华夏出版社 2007 年版，第 6 页。

境；第二，鬼福及人或墓葬荫庇后人。这成为后来风水学说的基调。

随着封建社会的进一步发展，人们一改早期的对墓葬的淡漠进而发展到对阴宅的选址建造的高度重视。春秋时代，孔子大力提倡"孝道"，厚葬之风日盛，且历代不衰。从帝王到百姓，对坟墓的选址和安置格外重视。风水学大行其道，风水先生更侧重于对阴宅选址的测勘。"风水理论认为，祖墓的风水，会影响后人的命运；而一国之君陵墓的风水，则会影响整个国家的命运。"[1] 历代帝王为图皇权永固，都十分重视和下大工夫选择陵穴。选址一般都在京师附近，西周、秦、汉、隋唐皇陵大多集中于其京师长安附近；元、明、清三代皇陵均位于京师北京附近。

秦始皇陵选择在骊山北麓，地势高凸，南依骊山，北临渭河，山似虎踞，水若龙盘，恰应了"四神兽"中的青龙、白虎天象，体现了风水术中的天人合一思想。

唐朝王陵位于陕西渭水北岸，东西绵延三百余里。"依山为陵"，居高临下，形成"南面为立，北面为朝"的形势。尤其是位于陕西省礼泉县东 22 公里唐太宗李世民的陵墓，坐落于九峻山主峰，山势突兀，险峻雄伟，东西两侧，层峦起伏，沟壑纵横，四周山峦护卫，泾水环绕其后，渭水萦带其前，山水俱佳，气势磅礴，蔚为壮观。

北宋王朝略有不同，虽建都开封，陵区却设在远离京师汴京的巩县。其主要原因是看中了巩县的山水秀丽：南有少室嵩岳，北有天险黄河，土质优良，可谓"头枕黄河，足蹬嵩岳"，"山高水来"的吉祥之地，且水位低下，适合挖墓穴和丰殓厚葬。

明代以后，风水学特别重视关于山川形胜的形法，因而明清两代的帝陵风水格外讲究，加之建筑的配合，皇陵的选择与规划达到了很高的艺术水准。

---

① 程建军：《中国古代皇陵选址的风水艺术》，《资源与人居环境》2005 年 8 月。

中国历史上规模最大、耗资最巨、耗时最久的墓群建筑——明十三陵，是这类建筑的典型代表。十三陵自 1409 年开始修建，营建工程历经二百余年。当年燕王朱棣在南京即位之初，就打算迁都北京，派礼部尚书赵江和江西风水名师廖均卿等人去北京寻找吉壤，风水师经过长时间勘察，充分运用"风水学"理论，最终选定了位于北京西郊昌平区北十里处，这一被封建统治者视为风水宝地的优美自然景观。如图 2-10 所示。

图 2-10　十三陵分布示意图

十三陵所在的昌平山脉属太行余脉，其势绵远雄壮，磐根砥固，西通居庸，北达黄花镇，南向昌平州，既是陵寝之屏障，又是京师之北屏。蜿蜒绵亘北走千百里山脉不断至居庸关，万峰矗立回翔盘曲而东，拔地而起为天寿山（原名黄土山）。山崇高正大，雄伟宽宏，主势强力，势若蛟龙腾飞，形如天障环日。气势磅礴傲岸，风景蓊郁葱茏，既有基根磐石之厚重稳固，又有龙脉之腾达飞黄；既庄严肃穆，又豁然明达，在这样优美的自然景观下依山建陵，自然令统治者们心旷神怡。其实之所以达到这样的效果，根本上来说还是形成了建筑与自然，人、天、地和谐的氛围，即客观效果上顺应了天、地、人协调通达之大势。

英国城市规划家爱德蒙·培根认为"建筑上最宏伟的关于'动'的例子就是明代皇帝的陵墓"。他指出：依山而建的陵墓建筑群的布局"它们的气势是多么壮丽，整个山谷之内的体积都利用来作为纪念死去的君王"。他形象生动地描绘了明陵建筑与自然景观的有机结合。英国著名史家李约瑟说：皇陵在中国建筑形制上是一个重大的成就，它整个图案的内容也许就是整个建筑部分与风景艺术相结合的最伟大的例子。他评价十三陵是"最大的杰作"。他的体验是"在门楼上可以欣赏到整个山谷的景色，在有机的平面上沉思其庄严的景象，其间所有的建筑，都和风景融汇在一起"。

帝王陵墓的选址，其核心就是建筑与自然的根本关系中深蕴人与自然的和谐，这种和谐从最初的实用意识，一步一步发展到自成体系的风水学理论。风水学的指导原则是"天人合一"，始终把宇宙、大地看作人赖以生存的"气"，强调"感天地之气"。这种关系既有"玄学"的神秘性，也有科学的合理性。《阳宅十书》在"论宅外形"中，就专门讨论了住宅的环境问题："人之居处宜以大地山河为主，其来脉气势最大，关系人祸福最为切要。"这个原则在中国五千多年的历史演变中，贯穿始终，不随政治变迁、经济发展变化而变化。在具体操作方面，又总结出"乘气说""藏风得水说""寻龙点穴说——四灵说""山环水抱说""形势说""三元运气说"，等等。在"天地人合一"思想的指导下，风水强调人与自然的和谐互补、协调畅顺。今天看来，剔除某些过分神化、玄奥、迷信的东西，"风水学"依天理，因地脉，行阴阳，聚风水，还是有其道理的。当然，与阳宅对居住者向阳、避雨、挡风、防晒等一系列自然环境对人的生活生理大有裨益的实际作用不同，阴宅给予人的更多的是心理意识上的安慰和满足。至于"荫庇后人，泽被国家"，甚至"永固皇权"等，则是风水学家们的一厢情愿了。但几千年的意识理念深入人心，根深蒂固，所以这并不影响他们依据这个理论选址和风水学的传播盛行。

再看如下几点关于风水学说的"不宜选址"，如果拨开其被神化了的面纱，就会清晰地看到，其核心还是人与自然、建筑与生态的和谐。

（一）曾经发生过重大灾难事故的

选址，看看该地有没有发生过火灾，是否为处决人犯之处，或是秘密坟场，如果没弄清楚，在这种地上盖房子，难免会病故连连。神秘学认为此地有不少冤魂流连不走，势必会影响到正常人的一切。

如果以自然环境生态学的角度分析，前者（发生火灾）则是因为自然土壤含有各种元素，无形中补充人体所需，火灾后的土壤变质，没有地气，居住其中不利健康，所以不宜做建筑用地；后者（刑场、坟场）则是此地土壤不干净，本就存有很多人死后的病菌，后来居住的人每天吸入看不到的病菌，容易对身体健康产生不利影响。

（二）水气多之低地

吉地的地势宜高，不可在低洼地区。原因有二：一是湿气较重，对居住者健康不利；二地势低易积水，虽然平时下雨不一定淹水，但是遇到大台风或难得一见的水患，总是比地势高处易淹水，造成不便和损失。

（三）山坡地利用

若是住宅和山距离太近，属大凶，因为大门前数百米内有山挡着，但难免会有一些人家有"开门见山"的阻挡压抑感产生，气场会受阻，在心理上有压迫感，对家运、事业有不利影响。

（四）面向南和东南背山而建

这很简单，心理上有依靠感（靠山一词即由此而来），更重要的一点就是靠山避风，向阳温暖，光线充足，有利健康。

（五）建筑地形本身形状要规则，以方正及矩形为佳

不管任何建筑的建地，地形要方正或矩形，不规则建地如 T 形、三角形、十字形、圆形都不适合盖房子。T 形和十字形建地象征坎坷不平，圆形建地象征封闭没发展，三角形建地在风水上是最凶，主事业必败，是非纷至。建地或建物若"前宽后窄"形状，就难有发展，钱财也难聚，人丁会不旺，家道会衰败。不规则形状的建筑地址也不佳，居住此地会精神紧张，易生横祸，身患绝症。其实是不规则建筑选址通气不如正方形顺畅，对人有生理效应，其次就是心理暗示作用了。

（六）藏风聚气的环境

在中国哲学中，"气"是构成自然万物的基本要素。重浊的气属阴，轻清的气属阳，阴阳结合则形成宇宙万物。选址时，在该地体验一下，第一感觉是风柔气聚，那便说明这个地方环境是良性的。"风"是衡量风水优劣的一个重要指数。风水学上重视"藏风聚气"，山环水抱之地就是藏风聚气最理想的格局。所谓"仁者乐山、智者乐水"，山环水抱同样也是生态建筑学中理想的居住之地：空气流通、光照合度，负氧离子充足，对人的身心健康极其有利。

风水玄学尽管蒙着种种神秘的面纱，但究其根本，还是一个人与自然、人与环境的生态平衡和谐相处的问题。风水学，积极意义的一面，就是指人们从生存需要出发，结合传统文化意识，对居住环境进行选择、安排和处理的原则与方法，是协调人与自然关系的一门学问。

第二节　建筑布局：契合自然

《易经·系辞》："一阴一阳之谓道，阴阳不测谓之神"，"阴阳合德，而刚柔有体，以体天地之撰，以通神明之德"。在古人眼里，阴阳是对立统一的辩证关系，相辅相成，在矛盾对立中达到平衡。因为自然界中，存在相互对立的事物，用阴阳来反映这种对立，是符合大自然客观实际的。风水家主张，阴阳须臾不可分离，《黄帝内经》说："阴阳者，天地之道，万物之纲纪，变化之父母，生杀之始本，神明之府也。"① 阴阳之万物之中不可缺少的两个部分。中国传统建宅求得阴阳调和，达到与自然契合。

中国古建筑以阴阳互补、藏风聚气的协调平衡来规划建筑布局，模拟宇宙或社会生活中其他实物形状以暗示一定文化美学意蕴，以建筑物和天象星宿的照应来契合自然，达到一种自然的建筑实用意识，实现了天人合一之下人与自然的和谐理念。也正是这种理念成就了中国古建筑构造的基本形态，因此中国古建筑大多呈现出一种宇宙图案的文化性质。可以说，中国古建筑的形态特征，是古人在建筑中将天地宇宙的时空意识和外在形式予以实践的结果。

一　阴阳互补、协调对称

如前所述，中国古建筑的发展是从穴居、巢居到地面建筑而成房屋。房屋的"私人"性质很早便被强调，所谓"宫墙之高足以别男女之礼也"，于是便有了围墙；房屋不够用的时候，便在两侧的围墙加建"庑廊"，在"堂"的东西增建厢房，于是便逐渐演变成了一个

---

① 于希贤、于涌：《中国古代风水的理论与实践》（下），光明日报出版社 2005 年版，第 546 页。

四合院。"'四合院'的布局方式或者可以说是随着建筑的产生而产生，在殷商的宫室遗址中就可以看到这种意念的存在。"① 旧都风貌中，王府、官署、佛寺、道观都是以四合院的空间组合为基本格局。一切存在都是合理的。四合院几千年来，成了中国传统文化的代表，"是世界上独一无二的"。② 四合院讲究风水，负阴抱阳，创造出藏风聚气的优质环境，形成良好的生态和局部小气候，充分体现了中国传统文化的阴阳互补观，这成了四合院比较突出的生态精神。在这里，人们的社会风俗融汇在自然环境里，天、地、人是一个统一体，人与自然和谐相契。

1976 年开始发掘的陕西岐山凤雏村遗址，是西周最有代表性的建筑遗址，是一座相当严整的四合院式建筑，由二进院落组成，规模宏大，布局整齐，影壁、大门、前堂、后室依次位于中轴线上。廊联结前堂与后堂，通长的厢房位于门、堂、室的两侧，将庭院围成封闭空间。院落四周有檐廊环绕。房屋基址下设有排水陶管和卵石叠筑的暗沟以排除院内雨水。这是我国已知最早、最严整的四合院实例。值得注意的是，其平面布局及空间组合的特征与后世两千多年封建社会北方流行的四合院建筑几乎如出一辙。

一九五九年在郑州发掘的一座两汉之际的空心砖墓，墓内发现的一件四合院式的住宅模型和两块封门的空心砖画像，可以认为这是当时一般地主阶级的庭院布局和家庭生活的典型。封门砖上的庭院图像，四周围绕高墙，正中设门阙。院内极宽敞，中设照壁和二进门，把庭院分为前后两部。正房设于后院。门阙前有大道。来访

---

① 李允鉌：《华夏意匠——中国古典建筑设计原理分析》，天津大学出版社 2006 年版，第 85 页。

② 于希贤、于涌：《中国古代风水的理论与实践》（下），光明日报出版社 2005 年版，第 549 页。

宾客的车马络绎于途，而停跸于二进门下。庭院内外，园林修茂，凤鸟飞翔其间。四合院式的模型，由门房、门楼、仓房、正房、厨房、厕所和猪圈组成。布局整齐有序。①（见图2-11）

图2-11　反映汉代"四合院"式住宅情况的"四合院"式陶器庄园模型
汉代墓砖画像——郑州南关汉墓空心砖拓本

---

① 中国科学院考古研究所：《新中国的考古收获》，文物出版社1961年版，第84—85页。

　　中国历史上战乱频仍，在房屋的设计中，首先要考虑的是"防卫"的意义。外墙或者围墙作为安全的需求，但同时也阻挡了通风采光，因此，庭院的功能就突出了。四合院式的布局，以其合理的实用功能长期存在也就不足为奇了。

　　现存的北京四合院，基本都是明清时期的留存。明清北京四合院取消了前堂、穿廊、后寝连成的工字形布局，代之以东西厢房、正房、抄手游廊和垂花门组成的名副其实的四合院格局（见图 2 - 12）。

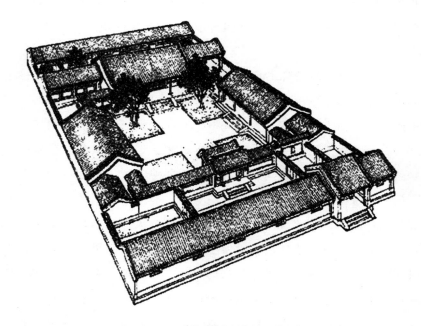

图 2 - 12　清代典型四合院示意图

　　北京明清四合院的平面布局一般是矩形，四周以外墙体为屏，除东南一隅，设一大门，作为进出通道之外，其余为封闭式。中庭为庭院，这种类型的建筑布局，很适合北方居民的居住，冬有御寒保暖、拒风的良好功能；夏天通风却不是很畅，有时也会给人以闷的感觉。中庭作为四合院的采光器，整座建筑的自然光的采集都来自它。同时这种矩形四合院建筑不但满足了合家团聚、其乐融融的心理需求，而且空间的分割，还具有保持封建家庭伦理准则的作用。北方四合院给人的感觉严整、敞亮、淡雅、舒适，讲究格局，讲究款式，注重传统，四合院中一般种有石榴树等花草树木，美化环境的同时，也较好地保持了生态平衡和自然元素，可以说，四合院无论其外观还是内涵，都浓浓地展现出人与自然的和谐相处、互为依存的关系。由此可见，北京四合院优缺点共存，但其整体形制和自然环境是相契合的，能尽量汲取有利的因素。既能够和周围环境相处和谐，又能促进家族和谐相处，所以这种四合院发展至今，经久不衰。

鉴于我国比较特殊的地理环境和不同民族的不同民俗，我国南北民宅布局形态就有了很大差别。和北方民宅一般呈矩形的四合院不同的是，南方四合院多为天井形。其布局形态是：方整封闭、中轴对称，半敞开的厅堂，连狭窄天井，多为二层，其代表建筑主要是徽州民宅。其基本布局是：大门→天井→堂屋→后厅→内天井→二门→二进天井，其特点是：有明有暗，有开场有封闭，富有动感和空间层次感，和北方四合院相比较，南方天井生态环境更为优越自然。天井可调节小气候，既便于采光、通风，又可汇集雨水，同时又可减少南方湿热气候所带来的曝晒，可以说，在南方不同的地域环境下，因地制宜，最大限度地达到了人与自然、建筑与自然的和谐。天井院落占地少，围合紧凑，房屋连属成片，空间尺度亲切小巧，天井变化多端，分别有长条形、漏角形，大则可成庭院，小则一孔窥天，盈不过数尺，这是为适应南方高湿热气候而设计的，是人们能充分利用院落弹性空间解决通风、避雨、防晒，方便生活、生产，也是人类建筑与自然相融的范例，"从庭中阳光的移动，可以感觉'天时'的变化。从庭中阴雨风雪的来临，可以知道'节气'的变化。从空气的新鲜、阳光的温暖，可以感到人的生命与大自然的活力息息相关。"① "在所谓'风水'观念上，庭院又被看做'气口'，'居'不在大，有'庭'则灵，灵不灵，就凭这一口'气'。"② 人与人、人与自然在庭院里和谐相处，人们在这一方庭院里呼吸到生命自由的气息，是一种与自然密切交流的回应。

其实，无论是北方的四合院，还是南方的天井，之所以出现如此的契合自然的氛围，实乃是受风水学中阴阳理论的主导。

在四合院的空间组合中，阴阳法备受尊崇。第一，院子布局是由四周房舍围合，外"实"内"虚"构成一对阴阳关系；第二，在轴线主导下次第排列门屋和正堂，再配以两厢。而"门屋""正堂"一主一次又是一对阴阳关系；第三，东、西厢的相对构成又一对阴阳关系，而在纵、横线交织控制院落布局关系中，纵为主，横为次，形成又一对阴阳关系；第四，就整体来看，院落空间的"四正思维"是一个序列布局完整的八卦空间，也构成一对阴阳关系。从东南位置的宅大门→垂花门→中院正房→内院后房→后罩房，不仅反映出等级尊卑的礼制观念，而且每一级组合成为一个递进层次，从而又形成一个层级的阴阳关系。如图 2－13 所示。

四合院的东南西北，被称为"四象"，与左青龙（东）、右白虎（西），前朱雀（南）、后玄武（北）相配；同时又与春夏秋冬四季相依：青龙——东方即春天、白虎——西方即秋天、朱雀——南方即夏天，玄武——北方即冬天，再加上庭院的当中，就构成了东南西北中五个方位；而且还与金、木、水、火、土相配：东方为木、南方为火、西方为金、北方为水、当中为土。这就是中国传统庭院的整体布局，在房屋、宫殿的建筑上基本都用此"五星座"配置，是中国阴阳五行思想的集中体现。

---

① 王镇华：《华夏意象——中国建筑的具体手法与内涵》，生活·读书·新知三联书店 1992 年版，第 716 页。

② 王振复：《建筑美学笔记》，百花文艺出版社 2005 年版，第 130 页。

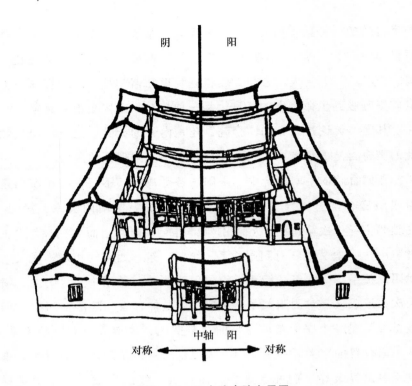

图 2 - 13　四合院庭院布局图

　　另外，四合院和天井的阴阳相合和阴阳平衡还体现在：居室是人们私蔽安身的场所，要求暗、藏、静以抵御火、燥、噪等外物邪气的侵害，故为"阴"；庭院和天井虽然在某种程度上也能屏蔽风、雨、寒、火等的侵袭，但相对于居室，其开放和露的程度要大得多，因为人类还需要譬如阳光、新鲜空气等的沐浴和滋养，它们是介于宅外和居室之间的活动小天地，故属"阳"。两者之间既相对应，又相平衡，因此，庭院和天井的院落式住宅布局符合风水学中的明与暗、闭与露、藏与显等有序、变化、张合与平衡的原则，从而达到趋吉避凶的生理和心理需求。

　　不管是南方的天井还是北方的四合院，都是"中国建筑的'通风口'、'采光器'，是家庭血族之公共活动场所，也是建筑群体的

'呼吸器官'。它在文化心理上，是人与自然进行感情交流、交融的一种建筑文化方式，别具东方情调"。① 它们都注重了建筑与周围环境的和谐：既注重了单座阳宅与周围环境的点的关系，又注重了整个村落与周围环境面的关系，点、面和谐，力求居住者得山川之灵气，受日月之光华。单座民宅有下水口，从胡同至街坊加以排水，整个村落向村外低洼处排水，这在选址时就已经考虑到了，水口包容的面积决定了村镇的规模，对整个村镇建设发生影响。

在中国建筑文化史上，在形体、采光、通风、防潮、保温及稳固性方面，有利于人生理健康的建筑物，往往能激起人们的兴趣。如果有害于人生理健康的，人们在审美上，就会感受不到它的形象美。换句话说，对建筑的审美意向，不可避免地会受到建筑物本身和人之间的和谐关系的影响。而这种关系，在一定程度上取决于建筑物本身的功能。而这种功能，来自建筑物与周围环境及大自然协调和平衡。"'气'主要表达万物生化循环的思想。气、阴阳、五行这三者虽各有渊源，但一俟合流便成为了中国文化的宇宙观、世界观。气是宇宙的基本实体，它的动因在于阴阳，而五行乃是阴阳之气的基本形态。于是五行的相生相克具体展示了阴阳之气循环迭至和聚散相荡的过程，成为宇宙生生不息的基本构象。"② 这种以"气"为本体、为基础的阴阳、五行、八卦思想对中国传统古建筑产生了广泛而深刻的影响。

二　天圆地方、象天法地

古人把浑沌初起之天地称为太极，太极生两仪，阴阳、天地由此而分。古人把茫茫宇宙称为"天"，把立足其间赖以生存的田土称为

---

① 王振复：《建筑美学笔记》，百花文艺出版社 2005 年版，第 130 页。
② 张志林：《中西科学"研究传统"的差异与会通》，《科学·哲学·文化》，中山大学出版社 1996 年版，第 521 页。

"地"，由于日月等天体永无休止地运动旋转，好似一个闭合的圆周无始无终；而大地却恰如一个方形的物体安静而稳定地承载着我们。《淮南子·天文训》："天道曰圆，地道曰方。"古人还没有更多的科学观测，只是用一种朴素的自然观认识世界，直观地认为天是圆的，地是方的。"则方而中矩，圆而中规"正是这种认识的基本表述，"天圆地方"的概念便由此产生。

中国古建筑以特定的建筑形体造型，模拟宇宙或社会中一些事物形状来暗合一定社会文化理念，而这种理念的核心就是"人与自然关系的和谐"。

中国原始房屋的平面是圆形的，也有人曾经这样提出：最原始的古代城市它的平面形状也是圆的。理由就是根据甲骨文上一系列表示城市形状的符号都是圆的。例如"邑"字，它的原意是县城，甲骨文上的字形就是上面一个代表城墙的圆圈，再加上一个人跪在下面。另外一个是"郭"字，意即外城，字形是一个圆圈，上下有两座门楼。这种单纯从字形上而作出的推论似乎未能有很大的说服力，比较确切的说明还是陕西西安半坡仰韶文化遗址所表达出来的"聚落布局"。这个聚落布局的总平面形状就是圆的，表示出原始时代一度采取过圆形作为居住区总体布局形式。①

确切地说，原始先民的建造意识中，还仅仅是一种模糊的、朦胧的圆形。半坡居民的这种大体形成的不规则圆形是在建筑使用中自然形成的，是他们在建筑活动中下意识的空间观念，而不是依据早设计

---

① 李允鉌：《华夏意匠——中国古典建筑设计原理分析》，天津大学出版社 2005 年版，第 390 页。

好的圆形去建造。由于当时人们的智力和生产力都十分低下，建造房屋的第一要求就是坚固，最原始的古代城市是平面形状。"'圆形'是最原始的房屋和群居的布局形式，由此推论相信最早的城市也同样是采取圆形的平面形式。"① 原始先民的建筑意识中，还没有哲学、美学概念上圆形和方形意识，他们的建筑在自然中大致自然形成了一个不规则的圆形，这是可以理解的。

1954年，中科院考古所发现的西安半坡遗址，是新石器时代仰韶文化的重要史料，从底层累积情况分析，建筑遗址有早期和晚期的区别：早期遗址中多是平面圆形和椭圆形，"晚期遗址中至少有两种不同平面的住宅，第一种是直径5米的圆形房屋……第二种是方形平面的房屋。此外另有大型房屋遗址一座，南北约12.5米，东西仅10米左右。原来平面可能是方形，也可能是长方形"。② "半坡遗址居住区大体上成一个不规则的圆形，里面密集地排列着许多房子。"③ 综合以上各种遗迹，可证明该处住宅的平面有圆形、椭圆形、方形、长方形四种。

1928—1937年，当时的中央研究院历史语言研究所在河南安阳的小屯村发掘的殷商宫室故基，平面有圆形、方形、长方形和不规则形状四种。

"商代早期文化的居住建筑也有不少发现，都是长方形半地穴的房屋，有的并加筑夯土墙壁。"④ "穴"作为住宅形式之一始终在继续着，"横穴"作为房屋的一种形式，即所谓的"窑洞"，一直沿用至20世纪（见图2-14、图2-15）。

---

① 李允鉌：《华夏意匠——中国古典建筑设计原理分析》，天津大学出版社2005年版，第390页。
② 石兴邦：《我们祖先在原始氏族社会时代的生活情景》，《人民日报》1956年11月9日。
③ 中国科学院考古研究所：《新中国的考古收获》，文物出版社1961年版，第9页。
④ 同上。

 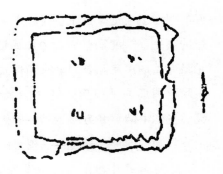

图 2 - 14　河南安阳殷墟　　　　图 2 - 15　陕西半坡"大房子"
　　　　圆形坑式穴居　　　　　　　　　　方形遗址平面

古人把"都城"称为"国","国"从字形来讲，是指四周用土墙围合的区域，有王坐镇其中，统治着万民百姓，是政治与军事堡垒，这便是"城"。可以看出，中国古代都城是方形的平面布局形制。

中国古代都城的平面布局，绝大多数是方形或矩形，早在周代就有记载。但都城后来的建筑实践证明，其形制更多地遵循了风水学理论。风水学的核心理论是"天人合一"。先民们在长期的实践中，感觉到大自然的客观存在和对人生存本身的影响，并遵循其看起来变幻莫测的运行机制，同时对天也有着深刻的理性思考，认为"天、地、人"是密不可分的整体，所以才有了孟子的"天时、地利、人和"的概念，古人确信三者之间存在密切的制约关系。

古代的住宅或都城大多是圆形或方形，至于是由圆而方，还是由圆到椭圆再到矩形，这些现在无处考证。但有一点是肯定的，那就是有圆有方，究其原因：第一是由天圆地方的基本认识而来；第二是这和中国古代住宅要构筑围墙、城市必须要构筑城墙有关，因为从几何图形来说，除了圆形外，方形的住宅或城市平面比其他任何不规则图案都要节省周边的长度，换句话说，除了圆形之外，方形平面是最经济的。

从匈奴时代就开始出现的蒙古包，沿用至今。这种大草原上的蒙古包，古人称"穹庐"。蒙古大草原，天广地阔，这里的先民们比内地更能直观、形象地感受到"天圆"这个概念。蒙古包的形状，好似想象中的天穹宇宙，平面、屋顶都为圆形。另外，蒙古民族很大程度上依赖自然而生存，所以，他们对于天（蒙古语中叫"腾格里"）的崇拜是根深蒂固的。正是这种"腾格里"图腾崇拜，使他们把自己的居住建筑做成和"天"类似或相同的形状，以求得上天的庇佑，企盼给他们带来安定吉祥。另外，他们在实际的建筑实践中，也注重其实用和便捷。蒙古族是一个流动的民族，他们经常迁徙，为拆装方便，先做成一个网状的围护体骨架，外包羊毛毡，既抗风寒，又随时可以收起或装配。可以说，蒙古包这种居住建筑，既充分体现模拟"天圆"的民间建筑形制理念，又因地制宜，和自然环境、使用价值高度融合。因此，即使后来的蒙古民族趋向于定居的砖石建筑，也还是仿蒙古包的圆形建筑（见图 2 - 16、图 2 - 17）。

图 2 - 16　蒙古包的骨架

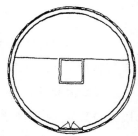

图 2 - 17　普通蒙古包的
平面示意图

建于元代至明代中叶福建永定县的土楼一般是方形。如图 2 - 18所示。大门位于中轴线上，外围楼房在面临院子处有阶台一周。为了增加楼房的刚性，又在左右两侧建较厚的墙壁各一堵。整个外观是大方形套着小方形，给人一种坚固稳定的印象。屋顶尽管参差错落，但都由大小不等的方形构成，既整齐美观，又稳重大气。这种土楼的设计理念是：方形的土楼坐落在四方的大地，小的方形纵横连贯，构成大的方形。在设计者的潜意识里，那就是方中套方，方上落方。从朝向来看，大多是坐北朝南，目的是朝阳向光，符合我国在赤道以北的地理纬度特征，从而和大地、天穹、日月、星辰构成一种理想中的契合。体现和大地形似理念的同时，又注重了居住的光照和风向等舒适度的要求，深刻体现了人与自然的和谐关系。

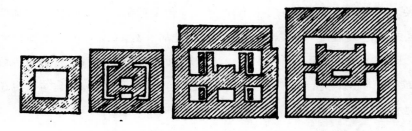

图 2 - 18　福建永定县长方形土楼平面图

更能体现古建筑天圆地方理念的是北京天坛，始建于明永乐十八年（1420 年），原名"天地坛"，是明清两代皇帝祭祀天地之神的地方。天坛由圜丘、祈年殿、皇穹宇三组建筑物构成，其明显特点是：以方和圆的几何图形组成基本形状；圆坛，方墙，同时外坛墙和内坛墙相辅相成，构成北圆南方的大图案。天坛从整体到局部，都是物化了的古代哲学思想"天圆地方"的象天法地之说，把古人对天的认识和对上苍的愿望表现得淋漓尽致。天坛的布局按照功用，可分为以下几部分：圜丘、祈年殿、皇穹宇、斋宫、神厨、神库、宰生厅、七十二间廊庑、丹陛桥、回音壁及四周围墙。其中最重要的建筑物圜丘位于建筑群南北中轴线的南端，祈年殿位于天坛平面中轴线的北端，是天坛建筑群最大的建筑。整个布局和其他类型的建筑最大的不同之处在于：占地广阔，建筑物少，视野开敞，气势磅礴，总面积是紫禁城的三倍多，而建筑物比紫禁城少了很多，其设计理念非常明确，来源于远古的露天交际，所以圜丘不设屋顶，既传统又质朴简洁，壮丽而平和，巨大的区域中只建造了少数几幢建筑，与故宫的鳞次栉比形成鲜明对照。故宫是"人治"或"治人"的地方，天坛是"上天"和"亲自然"的地方，所以它的开敞意蕴略似广场，成功地体现了人类崇尚的"天人亲和"关系，表达出人与天、与地、与大自然的和谐与亲密。

扩而展之，北京坛庙以紫禁城为中心，左祖、右社，也就是左侧为祭拜祖宗，右侧为求保社稷，祖宗先人已融入天地自然，社为土神，稷为谷神，社和稷都是人类赖以生存的自然。中国是农业国，土地和谷物是自然给予人的恩赐，所以这里祭祀社、稷也是对大自然之恩表达的崇敬和拜谢。另外，以紫禁城为中心坛庙建筑又对应了"五行"之说，天坛，祭天，南主火，为阳，在南方，崇文门外；地坛，祭地，北主水，为阴，在北面，安定门外；日坛，拜日，东主木，太阳升起，在东面，朝阳门外；月坛，祭月，西主金，月落之向，在西面，阜成门外。整个坛庙布局进一步体现了人与自然契合一体的建筑意蕴。

"天圆地方"的理念，也深刻影响了普通民宅。百姓人家，为了达到这种效果，大多在方形小院中修圆形水池，或者在两院之间筑圆形的月亮门；四合院中，"四"为四方，象征"地方"，"合"为闭合，象征天圆，有方有圆、有阴有阳，阴阳互补，天人一体。

从以上例子可以看出，不论是早期的不规则圆形、椭圆形、方形和矩形还是后来的标准规整的方形和圆形，不论是村落、民宅还是都城、宫殿甚或是天坛类的礼制建筑，其历史轨迹大都是沿着圆、方的整体布局发展演变的。可以看出，建筑是在最初的较为模糊的模拟天地自然中一步一步上升到由某种理念来规划设计的。由此可以理出一条相对清晰的脉络；古人从最初的潜意识依赖和顺应自然，进而亲近模拟天地形状，再到系统而成熟的理论体系，即四象、五行、八卦等风水学说，处处体现出人与自然契合的愿望和理念。正是这种愿望和理念，形成了中国古建筑文化的独特内涵。

三　天人相应、天地一体

古人把天界看成是一个庞大无比、等级森严的空中社会，以三垣四象二十八宿为主干，其中心是三垣中的紫微宫，四象是把天区上的二十八个星座，在东西南北中各自想象连线后，分别成为：东方苍龙、西方白虎、南方朱雀、北方玄武，而风水家们在规划城市布局时，把天上的星象、星座和地上的建筑对应起来，他们认为天地是相通相合的，天上具有的，地上也应该有，这就形成了天人相应、天地一体的建筑布局。

我国现存最古老、最完整的地面城池建筑是奄城遗址，位于江苏省常州市西南，奄城建于春秋晚期，该城址从里向外，依次由王城、王城河，内城、内城河，外城、外城河三城三河相套组成。王城和内城均呈方形，而外城呈不规则椭圆形，另外还有一道周长 3500 米的外城廓；每重城墙都只有一个旱路城门，其方位各不相同：王城门在正南方位，内城门在西南方位，而外城门在西北方位。这种布局反映了早期的风水阴阳八卦思想：王城门位于正南，八卦为离，意指"明"，表明王者面南而王，向明而治，此门朝向代表人；内城门位于西南，西南在八卦中为"坤"，代表"地"，是"阴"；而外城门位于西北，西北在八卦中为"乾"，代表"天"，是"阳"。因此，这奄城三重城门独特的布局，充分体现了天、地、人三者的关系。如图 2－19 所示。

到了秦汉时期，人类的智慧大大增长，生产力也有了长足的进步。人们开始对天象、阴阳、五行有了较为系统的研究和认识，

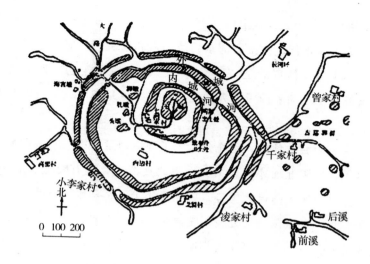

图 2 - 19　奄城示意图

"礼"和阴阳、五行之说也出现了结合起来的倾向。将风水学的内容加到建筑的形制中来，并且和"礼"完全统一。建筑设计就有了一种理论上的依据。建筑学中融进了天象学、阴阳五行学，把建筑与天、地、宇宙结合起来，也就完成了建筑理念的"象天设都"和"取法天象"。这一时期的都城建筑开始有规则的方形形制。"这些东西在建筑设计中运用不但是在艺术上希望取得与自然结合的'宇宙图案'，最基本的目的在于按照五行的'气运'之说来制定建筑的形制。"① 其建筑设计者已经从初期的无意识状态进步到了按照某种理念来进行设计建造，而统治者的意识形态也由原来的坐镇城中统治百姓升华到整个城池与自然、与天地的和谐关系上来。

秦始皇统一六国之后，用风水理论来设计规划都城咸阳。"陆海批珍藏，天河望都城"的秦都咸阳，其主要理念是"天人合一、地

---

　　① 李允鉌：《华夏意匠——中国古典建筑设计原理分析》，天津大学出版社 2006 年版，第 41 页。

法天"，即天上有什么，地上照样有什么，把地上的宫阙和天上的星座对应；天上有银河，地上有渭水，咸阳宫和紫微宫对应，这样天象与都城布局吻合，体现的是"天人合一"的大原则，也是为了显示自己的赫赫立国之功和前无古人的王者之威，更是期望着千秋霸业万古流传。

其实在咸阳城选址中，也充分考虑了环境因素：第一，咸阳城背倚黄土高原，可阻北面寒风；第二，南北夹渭水，既有交通、农田、水利之便，又有军事防御之优势，更在每年十月，和银河重叠，构成天地大象；第三，咸阳城地处我国暖温带大陆性气候，适宜棉花、水稻、花生等农作物生长，可作为都城需求的补给源；第四，关中土壤肥沃，再加渭河水源充足，农、林、牧、副能蓬勃发展。秦始皇犹如居住在一个天地人间一体化的世界，稳坐中心，君临天下，号令万民，以形成天地平衡，居中和谐的大天下格局。秦始皇咸阳城的规划设计，既体现了风水学的天人对应，风、水、地貌平衡和谐，又充分考虑到都城发展兴盛的环境因素，从不同的角度充分体现了古建筑中都城选址的人与自然的和谐关系。

运用天体规划观念，不仅限于咸阳城市本体，而且更进一步结合以广阔京畿为背景的要求，扩及京城周边地区。《史记·秦始皇本纪》称："乃令咸阳之旁二百里内宫观二百七十复道甬道相连"，意思是本着天地重合的观念，以咸阳城为"天极"，将城周二百里内二百七十座宫观，聚结在"天极"周围，有若众星拱极一般，形成一个遍布京畿的庞大宫殿群。这种建筑布局以广阔京畿为规划基础，和天体观念巧妙结合，借助驰道、复道，模拟天体星象，把咸阳城连成一个规模宏大的有机整体，充分印证了象天设都、天人对应的建筑理念。

都城和宫殿建筑，一般认为是具有正统意义的中国古建筑代表。由于封建社会的最高统治者大多建都在北方，所以也就形成了北方都城和宫殿建筑风格的主体地位，在我国秦汉时期都城的布局，还没有形成系统的观念，很少注重建筑与建筑布局之间的关系。唐以后，随着封建社会的鼎盛，文化特别是建筑文化的发展，建筑就开始注重各个局部之间的功能关系，到了明清，建筑文化进一步兴盛发达，"风水学"大行其道，地面建筑与天空星宿对应，"象天设都"，形成了渊源深厚的底蕴，浓重的建筑布局，成为表现"天人合一"理念的建筑语言。

北宋东京外城形状就是严格意义上的"天人对应"风水学说的体现。北宋东京外城城墙，始筑于五代后周时期，北宋时扩建。北宋东京外城并非按指南针所指的正南北方向，而是"取丙午壬子之间是天地中，得南北之正也"，磁偏角当为南偏东 7.5 度。曾三异在《同话录》中所述"难用子午之正，故以丙壬参之"，用五行相克来解释："盖丙为大火，庚辛金受其制，故如是，物理相应耳。"不难看出，作为国家至关重要的京城建筑，不去按照指南针所指的相对正确的南北方向来设计其形制，而是宁可按照和实际的南北朝向有一定偏差的风水学中的相关理论来实行，可见风水学对建筑形制等各方面的影响是何等强烈。

风水学认为，城镇周边最佳格局是：后有高起的丘陵——背倚玄武，前有曲水环绕——面对朱雀，左辅右弼护，正所谓"左青龙、右白虎、前朱雀、后玄武"，如此四象俱佳即风水宝地。

作为中国古代建筑史上极有特色的建筑典范——明城墙，其形制更是充分体现出古人"天人合一""象天法地"的风水理念和人与自然相和谐共存的关系。所不同的是，明城墙不是正方形或矩形，其形制是西北角向外斜伸，中部向内凹进，西南城墙的两角向外凸出，整个城非方非圆、多角不等，呈"粽子"形。尽管这种形制有悖旧制，但从另一个角度，折射出人们根深蒂固的风水学理念。

南京的风水，东面以钟山为青龙，西面以石头山为白虎，南面以秦淮河为朱雀，背面以狮子山、幕府山为玄武，古人称为龙盘虎踞、山川形胜之地。明城墙的形制是将城墙同周围的自然山势结合，是四象特征抽象组合的结果。这种修筑理念，虽然将建筑语言和丰富的宇宙图案连接在一起，将天上的星象和人间秩序对应，使高大雄伟的明城墙显示出经天纬地、气吞山河的宏大气魄，但从军事学的角度，却留下了致命的城防隐患，犯了兵家大忌。

一般来说，封建都城的形制，要符合两个基本要求：第一，体现封建礼制，第二，便于防御守备。南京古城墙的设计和建造时期，是朱元璋夺得天下、初登大宝之时。朱元璋是个非常相信宿命和风水的人，他把南京城的建筑设计交给精通风水学的刘伯温等人，所以如上文所述，南京城墙建造注定带有浓浓的风水色彩。问题是精通风水的刘伯温却犯了个大错：注重了城墙形制对皇权象征的崇高与永恒，却忽略了作为国之都城城墙的军事防御功能。以至于城墙刚建好，四皇子朱棣就说："紫金山上架大炮，炮炮对准紫禁城"，朱棣的话在太平天国时被证实，那就是曾国藩在紫金山上修筑炮台，猛轰城墙，顺利打开了南京城的缺口。那么完全按照天地对应的风水学中的明城墙，为什么会有这样的缺陷呢？从其皇宫外部形制和城墙位置来分析。《孙子兵法》说过，攻城之前应先挨城墙筑一座比城池高的土山，可以用来瞭望敌情，或向城内发射武器。明代皇宫为讲风水，将皇宫修建在钟山之阳，完全按照"四象"的方位天地照应，紧紧背靠紫金山；如果从军事防御的角度考虑，城墙应尽量东移，将紫金山围于城内，使皇宫处于城的中心位置，但实际是城墙从皇宫和紫金山之间的山脚横过，这样东城墙与皇宫尽管形制雄伟，却与皇宫相距极近，也就失去了作为宫城屏障的防御功能。

作为开国之君，朱元璋把明城墙的形制和天上的四象融为一体，即使发现了致命的城防隐患，也不改初衷，仅仅补修了100多公里的外郭土城，满足了其在开国大业攻城后志得意满的心态。由此可以看出，古人由风水学而来的"象天法地、天人照应"的人与自然和谐统一的关系，是浓厚而深远的。如果不计城防的缺憾，南京城城墙形制的设计，用自然地形，巧夺天工，把外围山川的风水格局浓缩于一城之中，可以说是人与环境、生态平衡的典范。

北京风水格局的内局严格按照星宿布局，成为"星辰之都"。中国传统文化将天空中央分为太尉、紫微、天帝三垣，紫微垣居中。古人认为紫微垣是天子所居处，因此明朝皇帝将皇宫定名"紫微宫"，正是人间皇帝和天帝相对应；由于是天子所居，禁止外人擅入，视为"紫禁城"。紫禁城最大的殿是奉天殿，即后来的太和殿，布置在中央，皇帝龙椅则在太和殿中央，恰是紫禁城乃至整个北京城东西南北中轴线的焦点上，象征着皇帝坐镇中枢，掌控天下。另外中和殿、保和殿象征天阙三垣，是为前厅，属"阳"，后勤部分属"阴"，全按紫微垣布局，由乾清、坤宁、交泰三宫，加左右东西六宫，共十五宫，暗合紫微垣十五星之术。整个紫禁城，城是一座宫，宫是一座城，整个建筑群中，无论是三大殿，还是诸门阙，无不通过大与小、宽与狭、明与暗、高与低、动与静、简与繁、圆与方等矛盾，错综交织，形成多样化的统一，表现出和谐的意义。这种和谐的美，还体现出一系列象征性的名字与建筑物相互结合，构筑专制理想大厦的多样化统一。"太和""中和""保和"无不闪烁着人与自然和谐的理想光芒。"天安""地安""东安""西安"等命名融合与天、地、东、西对立概念中，表现出和谐统一之美，反复使用的"安""和"更形成了故宫建筑语言的艺术特色。

孔子《周易系辞传》说："仰则观象于天，俯则观法于地，观鸟兽之文，与地之宜。近取诸身，远取诸物，于是始作八卦，以通神明之德，以类万物之情。"人在天地间并非消极被动地接受，而是可以积极主动地效法天地。如果从更深层次去挖掘奄城、"秦城"、北宋东京城、南京城、北京城等建筑布局，则具备了政治目的、建筑意图和天文崇拜三合为一的"象天设都"的思想，正是这种思想，左右于文化，从而形成了中国建筑传统，产生了代表人与自然和谐理念的建筑布局。我们的先民就是这样在千百次的观测和千百年的实践中形成了独具特色的建筑布局，把建筑与天地契合、稳固与风水并重，顺天理，缘地貌，创造了顺天应地、适居宜行，与天、地、自然高度和谐的灿烂的建筑文化。

综上所述，可以很清晰地看出，不管是都城宫殿、村落民宅还是宗教及坛庙建筑，都深受中国传统文化和中国古建筑理念的深刻影响，那就是：人对自然的敬重、仰慕和亲近，人与自然的和谐与统一。而这些影响又通过建筑布局的设计，建筑单元的内在联系和建筑单元与其他建筑单元的结构排列布置中，明确地显示出了古人的缜密思考、细致观察和慎重实践。这都为了一个基本目的：向往和实现人与自然的和谐、人与自然万物的生态平衡，同时也表现了人对自然的敬重乃至图腾般的崇拜。

第三节 建筑数字：蕴藉自然

古希腊哲学家毕达哥拉斯（Pythagoras，前580—前500年）认为：数是万物最基本的元素，认识世界在于认识支配着世界的数。他说："数是万物的本质，宇宙的组织在其规定中是数及其关系的和谐的体系。"其"万物皆数"的理论甚至将数神化，认为数是众神之母，宣称数是宇宙万物的本原。

在风水学中，与数术有关的理论学派——理气派，"理气"是指数理数字与气场，从理气派中的名称"九宫、玄空、四柱、八字、八宅"等中，可以看出数字和风水的重要关联。

在中国传统文化中，数是一个"先天地而已存，后天地而已立"的自在之物，是与天地共存、具有自然法则的含义。东汉马融认为建筑数字文化来自《周易》，在建筑的特定语言里，人们用数来表达某种愿望、某种理念、某种象征意义或代表某种形象的物或抽象的概念，把数的元素融汇在建筑语言中，使建筑中的数和天象天文、地理、地利还有自然逐步形成了一种图腾式的理念，数的概念起到了和谐和平衡的作用。数的艺术审美化体现了中国古建筑人与自然的和谐关系。

　　展开中国悠久而灿烂的建筑史画卷，不管是都城宫殿、村落民居还是坛庙宗祠，体现数与自然和谐理念的例子俯拾皆是。通过数字这一基本元素使建筑与自然有机结合，与阴阳、天象、时令等这些自然现象形成一种融合关系的例子更是层出不穷。

一　数的抽象意蕴：乾坤阴阳

　　《易经》根据阴阳二分的原理规定奇数对应天，属于阳性，象征吉祥、幸福、和谐与美满；偶数对应地，属于阴性，有阴冷和不祥的含义。北京天坛之圜丘作为祭天的场所，其几何尺寸更是严格采用阳数。圜丘中央砌一圆形石板，称"太极石"。此石四周围砌 9 块扇形石板，构成第一重；第二重砌 18 块，第三重砌 27 块……直到第九重为 81 块，都为 9 的倍数，目的是在不断重复强调"九"数的意义。

　　中国传统建筑是风水文化的重要载体，而数的概念在古建筑尤其是宫殿建筑中更是普遍应用。古人把从一到十分为奇数和偶数，单为奇，双为偶，奇数象征阳性事物，偶数象征阴性事物，这点可以从北京故宫的总体布局和局部设计所用的数字中看出。

　　故宫分前朝和内廷两大部分，前朝是皇帝上朝、议事也就是办公的地方，主要是男性活动的场所，内廷是皇帝和嫔妃们居住生活的地方，主要是女性活动的场所。按照阴阳理论，男为乾，属阳，女为坤，属阴，对应起来，男为天，女为地，这正是天地阴阳、乾坤相合的概念。前朝和内廷中数字的运用反映出两者之间的关系。前朝的主要建筑物也是故宫的中心所在，有三大殿：太和殿、中和殿、保和殿，三殿分别立于高大洁白的汉白玉雕琢的三重台阶之上，太和殿9开间，进深5间，72巨柱都是9或9的倍数，或奇数。内廷以乾清门一线为界，以位于中轴线上的乾清宫、交泰殿、坤宁宫为主体，东西两侧为东六宫、西六宫，可以看出，大都是用了偶数当中的较好的数字"六"，外朝主殿布局采用奇数，成为5门、3朝之制，正是中国哲学以上方、前方、奇数、正数为阳的缘故；内廷多用偶数，有两宫六寝，当然是下方、后方、偶数、负数在中国传统习以为阴的缘故。

再看太和殿内，巨柱高擎屋顶，为故宫中最重要的宫殿，文化性质自然崇阳，追求阳刚之美，整座建筑规模宏大，壮阔威武，就是为强调其力量的雄放风格。其建筑构件之数量，多取象征阳性的奇数，尤其力求9或9的倍数，这多是为宣扬王权思想文化所必需的。而内庭建筑所出现"六"数，其雕刻也对应前朝的"龙"而变为"凤"。

整个故宫建筑从数的角度体现阴阳相合，天地对应，龙凤呈祥。"9"是奇数中最大的数，由无限演化为神圣，所以古代皇帝为了表示自己的尊贵，便把自己和"9"联系在一起。如天安门城楼正面宽9间，门上装有9路门钉，即纵横各9排，又呈"9"的倍数。故宫房间为9999间半，暗含"九五"至尊的意思。

再扩展开来，北京城中轴线从永定门、太和殿、钟楼、鼓楼依次为九里、五里、一里，共15里长。扩而展之，传说我国上古行政区域有九个，是为"九州"，因此现在也由"九州"代表中国。这些数字在建筑中的运用，正是我国古建筑文化中用数的象征来表现某种理念的艺术审美观。"它是蕴含于一定建筑文化现象的数的关系，对一定'建筑意'的一种暗示。"①

---

① 王振复：《建筑美学笔记》，百花文艺出版社2005年版，第40页。

二　数的形象指借：吉庆顺达

封建社会中有严格的等级观念，奇数中的九、五只有皇帝贵族能用，一般中下阶层的平民百姓只能用偶数。在偶数中，"六"或"八"颇受青睐。一方面是因为上下四方为"六合"之数，最为圆满吉庆，"六"与"禄"谐音，暗合官运；另一方面，"八"与"发"谐音，暗合发财。这两个数字体现了中国封建社会官本位的传统观念，寓示着平民百姓升官发财的愿望。普通百姓借助与上下四方即天地相合的建筑数字满足天地护佑、和谐共生，祈福求祥的理想。作为祁县民居建筑的代表，乔家大院就是由六个院落组成，其目的是祈求乔氏家族六六大顺。除此之外，进入乔家大院的大门，是一条八十米长的石铺笔直的甬道，以"八"数定长度以求"四平八稳"，暗含八卦八方，四通八达之意。从这些数在民居建筑中的运用来看，无论是从地理方位还是宇宙苍穹哪个角度来看，都暗含了力求天、地、人、建筑之间构成和谐关系的理念。

作为北方民居建筑的代表——北京四合院，也处处有数的概念。如"三"的运用：四合院的正房、东西厢房两侧都有耳房，形成一主两次的小单位建筑形式，每个单位为"三"；四合院落又由正房、东西厢房三面围合组成，又形成了一主两次三位一体的小群落建筑形式，并由此派生出了二进、三进制空间形式，也都遵循这种"三三"制原则。"三"在我国传统文化中，占有独特的位置。"三"预示着"多"和"满""多多益善""多子多福"等思想均可简述为"三"，故道教有云："一生二，二生三，三生万物"，正寓于此。

"四"字在北京四合院中的运用也暗藏玄机。其一，"四"蕴含着围合的意义，如"四面楚歌"。在围合中的"四"，也有等级划分，故宫中的太和殿、保和殿等都以面南为正，故北京四合院的空间布局多效法于此，将用于家族长辈居住的正房面南而建，晚辈住厢房，仆人安置于面北的倒座房，体现四合院围合中的等级划分。阴阳学家提出的"天圆地方"学说，认为大地的格局是四边形，因此"四"这个数字还被人们赋予了"边界""界限"的模糊概念，如"四方""四域""四海"等，后来越来越多的事物用"四"来界定，如"四季""四时""四象"等，北京四合院中的"四"为"四方"，象征"地方"，"合"为"闭合"，象征"天圆"，有方有圆、有阴有阳，暗寓着"阴阳和谐""天地合一"之意。

北京天坛作为大型的祭祀场所，其作用是向上天祈求风调雨顺、五谷丰登。其建筑构成上的数字都暗合一年四季、日月星辰的数目，以求得与天地和谐，达到天佑地护的愿望。比如，祈年殿殿身中央4根龙井柱暗合一年四季；中间12根金柱暗合一年12个月；殿顶周长30丈，暗合1月30天；外圈12根檐柱暗合一昼夜12个时辰。里外24根楹柱暗合二十四节气，再加4根龙井柱，总共28根柱子又暗合了二十八星宿。殿身36块枋、桷暗合三十六天罡。另外圜丘上层栏板72块，中层108块，下层180块，总共360块，暗合周天360度和周年360天。整个结构包含了人们所知晓的大部分天文数字。中国古代有"九重天"之说，建筑构造"九"数的重复出现，意在暗合寰宇之"九重"。坛分上、中、下三层，第一层径九丈，取"一九"之意；第二层径十五丈，取"三五"之意；第三层径二十一丈，取"三七"之意。此外，坛的高度、坛面石块、栏板数目均采用了1、3、5、7的阳数，暗合"太极"和"九重天"。9、5两个数字是中国建筑的极数。《易经·乾卦第一》中说："九五，飞龙在天，利见大人。"龙是帝王化身，故"九、五"为帝王之数，即人们常说的"九五之尊"。天坛祈年殿从台明到宝顶全高为31.78米，合清代营造尺寸九丈九尺九寸。这里"一、三、五、七、九"等数字的运用，正是古人把人的居住环境和天、地等自然物合二为一，即"天人合一"、建筑和自然合一和谐理念的体现。

这里所表示的天、时、日月星辰、四季、城池院落布局、甬路尺度等数字既繁复冗杂又互不相悖，既自成体系又互为照应，充分体现了建筑与自然的和谐，时间与空间的和谐，日月星辰与万物运行的和谐，一句话，体现了中国传统古建筑人与自然的和谐。

一个民族的文化决定这个民族各个方面的意识形态，而意识形态又主宰着诸如建筑、民俗、礼乐等具体行为。建筑，这种有形的载体，通过数字这种无形的语言，表达人对自然的美好愿望，使人与自然交相呼应、师法自然，期盼与自然和谐相处。

第四节 建筑质地：取法自然

所谓建筑质地，通俗地说，就是建筑用材。在本质意义上，任何时期的建筑都是以一定的建筑用材为载体，依赖一定的科学技术，按照一定的构造方式，体现着一定的社会和时代内涵，是一种与自然环境紧密结合在一起的"大地存在"方式。追溯中国古建筑发展史，可以看到这样一条清晰的轨迹：利用自然山洞→穴窟、巢居→地面建筑，这就是上古居住的三大发展过程，其居住环境可以说是"虽有人作，宛自天成"。西安半坡遗址和长江流域河姆渡遗址的考古发现表明，原始穴居起初纯用泥土，随着居住面上升，逐渐加入了茅草、枝叶等植物材料，呈现土与木的结合；而原始巢居，在由"干阑"式向"穿斗"式发展过程中，加入了泥土这一材料。因此，土木混合，伴随着中国古建筑的发展，成就着中国传统建筑文化的诸多方面。

建筑与自然有着难以分割的关系，这种关系，除了建筑整体与环境的融合外，更有作为建筑构成的材料与自然来源的关系。中国古建筑尤其注重源于自然、就地取材，这样就使得建筑本身与自然更增加了一层亲密关系。几千年来，中国古建筑以土木为材，一脉相承，自成体系，表现出强烈的"中国建筑文化的'亲地'倾向与'恋木'情结"①。作为天然材料——土和木，体现了中国古建筑独特的内涵：因地制宜、因山就势、相地构屋、因势利导，与自然浑然天成，以求自然、建筑与人的高度和谐。

一　源于自然

早在 50 万年前的旧石器时代，我国原始人就利用天然的洞穴作为栖身之所。新石器时代，黄河中游的氏族部落，利用黄土层为墙壁，用木构架、草泥建造半穴居住所，进而发展为地面上的建筑。

春秋、战国时期，夯土技术已广泛使用于筑墙造台。木构架和夯土技术均已经形成并取得了一定的进步。到秦汉时期，木构架技术已完全成熟并基本定型，形成了我国古建筑后来发展的基础。

土材，在穴居时代，主要是简单的挖掘、切削，黄土的建筑材料性质还表现得不太明显。后来夯土技术的发展，使土材成为一种重要的建筑材料，它不仅使木构建筑获得了稳固的基础，而且在地面以上筑成各种实体，再加上各种木质屋架，因此中国古建筑在相当长的时间内是土木混构的；而土材的利用过程，对中国古代民居建筑特色的形成有着重要的影响。"栋梁"二字本是建筑术语，两字的偏旁都有"木"，说明古建筑离不开"木"。

追溯土木结合建筑结构的成因，还要从华夏文明初始的建筑情况说起。作为初始阶段最高发展水平的宫殿和宗庙等的最大建筑，采用土木混合结构的"茅茨土阶"构筑方式，即用夯土的庭院台基，木骨泥墙和夯筑的土墙再加排列整齐的承重木柱柱列，形成由屋顶、屋身和台基三部分组构的单体建筑，从基本构筑方式到空间组织形成，明确地选择了土木结合的构筑方式，标志着木构架建筑原生态的初

---

① 王振复：《建筑美学笔记》，百花文艺出版社 2005 年版，第 128 页。

生。其产生并发展的因素是：就地取用土材、木材的现实性、挖掘工具充当构筑工具的便利性，再加上当地气候相对干燥，它"综合体现了自然环境、材料资源、技术手段的先天合理性"。① 这个时期，夯土技术的发展不仅解决了土与木至关重要的防水防潮问题，而且技术简易，工具简单，只要具备夯具和大量的劳力就能实施。夏王朝恰恰具备大量的奴隶，因此自然条件、资源条件、人力条件均已具备，"茅茨土阶"也就成了当时最合理的构筑方式。"建筑是人类用于适应环境的一种重要手段"②，土木混合结构的木构架建筑，之所以有很大的发展潜力，就是因为在对自然环境的适应和社会环境的适应上，有着明显的优越性：一是资源分布广泛，在当时的自然条件下，大部分地区有木材资源，土资源除黄土地区外，我国黏性土分布很广，黑色土、红色土都可以作为建筑材料，由于墙体不承重，占用材比重很大的墙体材料，可以广泛选取，版筑、土坯、竹编均可；二是木构架结构组合方便，可以凹凸进退，可以高低错落，可以灵活地适应各种地形、地段；三是在社会使用性方面，与当时的家族结构、经济结构、心理结构非常合拍，可以说，这是我国建筑材质和自然、和人相对和谐的产物。

从地理方面来讲，我国地处温带，有丰沛的树木资源，可以就地取材，首先解决了材料的来源问题。木材材质坚硬，但容易加工，在当时工具简陋的情况下，木材也就成为了理想的建筑材料。至于土材，不仅表现出应用自然材料的生态精神，还有这种天然材料不仅对人体无害，而且经过加工后，在很大程度上仍能反映自然的特征和满足人们返璞归真、回归自然和大自然融合的心理需求。"从中国传统沿用的'土木之功'这一词句作为一切建造工程的概括名称可以看

---

① 侯幼彬：《中国建筑美学》，建筑工业出版社2009年版，第9页。
② 同上书，第11页。

出，土和木是中国建筑自古以来所采用的主要材料。这是由于中国文化的发祥地黄河流域，在古代有茂密的森林，有取之不尽的木材，而黄土的本质又是适宜于用多种方法（包括经过挖掘的天然土质、晒坯、版筑以及后来烧制的砖、瓦等）建造房屋。这两种材料之掺合运用对于中国建筑在材料、技术、形式传统之形成是有重要影响的。"[①]

大地是生命之母，土是大地的内涵和自然的载体，木是大地的赐予。土和木作为中国古建筑的基本材料，起源于原始先民集敬畏与崇拜于一体的审美感受。土中有木，木下有土，两者互为依存，融合相生。这样，人和大地、自然通过建筑的质地——土和木，就有了一种亲近、和谐。这可作为中国传统建筑长期热衷于土木营构的根由之一。

二 调谐自然

中国古建筑的质地还有和自然相调谐的功能，以其独特的性质，遵循一定的自然法则，使其和环境有种张弛有度的默契。那就是木材的使用。木材具有一定的弹性，木结构各构件之间都由榫卯联结，构架接点所采用的斗拱和榫卯有一定的伸缩余地，不但可以拆、装，更在于可以调整其内力，以抵抗外力，再加上梁柱的框架结构有较好的整体性，所以抗击性很强，能缓冲地震的部分冲击力，这就是中国木结构的抗震原理。"在技术上突破了木结构不足以构成重大建筑物要求的局限，在设计思想上确认这种建筑结构形式是最合理和最完善的形式……是一种经过选择和考验而建立起来的技术标准。"[②] 正所谓"墙倒屋不倒"，是指水患或地震，墙被洪水冲垮或被地震震倒，但

---

① 梁思成：《凝动的音乐》，百花文艺出版社 1998 年版，第 270 页。
② 李允鉌：《华夏意匠》，香港广角镜出版社 1984 年版，第 31 页。

屋架一般不易倒，至多变形，较容易矫正——这正是中国人的性格——"柔"。"柔"在《说文解字》中同"儒"，而"儒"正是中国传统文化的核心。这不是偶然的巧合，而是中国古建筑依据地理特点接受人文思想的结果。可以说，中国传统古建，凭借其木结构，依靠内力的调整来克服外力的破坏，以其独特的人文精神来适应自然，与自然和谐与共。

中国古建筑的木结构体系也折射出中国文化的伦理精神：其伦理本位特质是，排斥对虚幻的未来世界的追求，而注重现实、注重现实世界的亲情之爱。尽管中国人也有"长生不老"的欲望，但在传统主流文化中，却少有依赖物质求得永恒的意向。这种精神，不可避免地渗透到中国古建筑中。西方的古建筑如金字塔、太阳神庙、雅典卫城等都用石材，坚固异常，他们的意图就是永久性，希望千年不变。中国则不同，其永久性是建立在"易"的基础上，以为人造建筑不可能永恒，只能求得建筑形式的永久。"虚为大，实为次；实是要消亡的，虚能永恒。虚，在建筑上就是形式，不是个别的事物。"① 这种截然不同的伦理观念，造就了中国民居建筑的选材价值取向。中国明代园艺家计成说过："人造之物诚能保存千年，但人在百年之后谁能生存。创造怡情悦性幽静舒适之地，卡屋而居，此亦足也。"揭示了中国人的人生观、永恒观对建筑观念的支配。而以土、木为材质，恰恰迎合了这种取向和观念。进而达到人们潜在的和谐意识。

在以后漫长的发展过程中，土材和木材适应了自给自足的经济结构，其本身各种梁、柱、檐、椽等构架、拼装给人们提供了合理的物质基础；同时土木材料的储备，方便简单，建造时间可长可短，房屋规模可大可小，房间形制较为灵活。土木在质感上显得朴素自然，代表中华民族崇尚优美、温暖的审美情趣，体现了人与自然的亲和

---

① 沈福煦：《中国古代建筑文化》，上海古籍出版社 2001 年版，第 8—9 页。

关系。

作为中国古代建筑的主体，木构架材质还有明显的包容性，魏晋南北朝时期，北方游牧民族入主中原，农业文化和游牧文化产生碰撞，木构架体系吸收了不少游牧建筑文化的因子，但仍保持自己的正统地位。在许多地区的民间建筑中，大量出现木构件建筑体系和当地其他建筑体系的交融现象，比如山西平遥一带的三合院、四合院住宅，就有砖砌窑洞式的正房与木构架的厢房组合在一起的建筑组合，徽州传统民居的一厅两厢式并楼居，空间构成模式也具有中原汉族木构件建筑和当地古越"高床楼居式"干阑建筑综合交融的特征。不仅如此，木结构建筑体系表现出很强的同化力，甚至把外来建筑文化融合在本体系之中。例如，佛教传入中国之后，佛教建筑也随之而来，佛塔、佛寺等建筑风格很快就被木结构同化了，在中国木构架建筑的基础上，衍生出以佛殿为主体的纵深组合的院落式布局，其最基本的材质也是木构架形式。

三 耦合自然

中国古建筑的质地看似简单实用，却也融和了古代朴素的哲学思想，比如五行说。以其五行之思想，和自然连接在一起。五行说是中国传统文化的重要组成部分，对中国后世的建筑学、美学、艺术学等影响颇深。土、木分别为五行要素之一，土为大地之源，壤系五谷之根；木出于土地，入于阳光，承天之雨露，向阳而长，承地之养育，入阴而生，为阴阳和合产物、生生不息，乃自然生命力旺盛之象征。五行当中，土居中央，代表中心地位，土的位置一旦确定，上下四方便会秩序井然，代表一种四平八稳、有条不紊的社会秩序；土的颜色为黄色，代表尊贵，所以历代皇帝都以黄色为标志色；土也代表大地，建筑物以土为材，暗示建筑物扎根于大地，从土地吸取有益于人类的"地气"，更好地造福人类。而五行中的木代表东方，这个方位是太阳升起的地方，其代表色为青色，这是植物的颜色；木又代表春天、早晨，这些充满了光辉灿烂、生气旺盛、朝气蓬勃意象的吉祥内涵，是大自然富有生命力和阳光的体现，那么，用木头盖的房子，自然也就是阳气的体现和生命力的所在。采用土、木作为建筑材料，是最为合理的选择，是理性主义哲学的必然结果。"木曰曲直"，意思是木具有生长、升发的特性；"土爰稼穑"，是指土具有种植庄稼、生化万物的特性；古代哲学认为人为万物之灵，天地造化之首，而建筑为人所居，乃天地之气（温法自然），选用土材和木材做主要建筑材料是建筑文化现象中物的体现。实际上古人取土取木作为建筑材质，本身就是融入自然造化的一种手段，当时他们不能解释自然，只能融入自然，这也在潜意识里形成了人与自然的和谐，达到天人合一的理想境界。

中国古建筑"取于自然、顺其自然"，顺应天地自然之道，利用和改造万物，使天人各得其所。古人所追求的是天人合一，物我圆融的理想境界，在其民居的质地"土"和"木"上，得到了充分的体现。可以说，中国建筑的"土木"结构是原始的农业文明和生命的审美意识以及对自然的亲近感的共同选择。

综上所述，从木构架建筑的各种特性，可以看出，之所以历经千年不衰，正说明其存在的合理性，与自然的和谐性，独特的包容性，强有力的同化性，使其在中国古建筑史上占据了不可忽视的地位。

第五节　建筑色彩：融入自然

在世界建筑发展历史进程中，中国古建筑以"礼乐和谐"的文化内涵展示着其丰富多彩的艺术形象。"礼"体现的是中国匠心独运的秩序和规范，而"乐"却体现着中国传统文化独特的审美和情趣。中国古建筑色彩，以其特有的时空内涵和社会功能，自然地融入天、地、人之间，以其直观性、象征性明确地向人们传递着它的信息，从而使建筑、人、自然达到一种自然的"和谐"。

梁思成先生说："从世界各民族的建筑看来，中国古代的匠师可能是最敢于使用颜色、最善于使用颜色的了。"① 从某种意义上说，中国传统建筑就是色彩装饰的建筑，就是以一定的建筑环境色彩为符号的一种象征，其所表现的丰富的文化意象，成了中国传统文化的一种重要载体。

一　时空内涵

早在汉代，中国就形成了色彩和风水学说、阴阳五行学说的内在联系。在中国，"天地万物皆分配五行，就中季节方位及色，皆与之有密切关系"。② 《周礼·考工记》曰："五色，东方谓之青，南方谓之赤，西方谓之白，北方谓之黑。天谓之玄，地谓之黄。"即金、木、水、火、土五种基本元素组成天地万物；五色配五行和五个方位，季节的运行、方位的变化都与五行相关。按照阴阳五行学说的解释，东方青龙象征春季，对应水，充满生机；南方朱雀，"朱"即红，象征夏季和热烈，对应火；西方白虎象征秋季，对应土；北方玄武，"玄"即黑，象征黑色和冬季，对应木；而中央的天苍地黄，对应金。颜色、方位、季节三者在风水学中统一起来，通过建筑，传达人与自然的关系。

阴阳五行学说对色彩的定位对后人影响很大，就色彩单纯的审美意义来说，是建筑物内部各单元、各局部之间，建筑物本身的颜色和周围的环境之间协调、映衬、烘托的关系，比如高大雄伟的建筑物如宫殿、坛庙、寺观等的色彩运用，除内部的梁、栋、门、窗主要建筑

---

① 梁思成主编：《建筑历史与理论》第 1 辑，江苏人民出版社 1981 年版，第 11 页。
② 伊东忠太：《中国建筑史》，陈清泉译，上海书店 1984 年版，第 62 页。

和次要建筑的色彩搭配协调外，就是和周围的山、植物、其他建筑物等色彩的和谐搭配，甚至和诸如蓝天、大海等背景因素相调和，形成一种悦目的对比和反差，增加审美愉悦。

中国古建筑敢于使用颜色，"这一特征无疑地是和以木材为主要构件的结构体系分不开的"。[1] 的确，中国古建筑的木结构体系和颜色的使用有密切关系。因为木料易腐，所以要涂上桐油和油漆，以保护木质，同时增加美观。后来，随着建筑的发展，又用不同的色彩在斗拱、梁、枋等处绘制彩画。从总体上说，中国传统建筑的装饰色彩具有较长时期的稳定性，并形成了一定的规则。在北方的官衙建筑中，很善于运用鲜明色彩的对比调和，房屋主体部分能照到阳光的，一般用暖色，如朱红色；房檐下的阴影部分，因为照不到阳光，则一般用蓝绿相配的冷色，这样就更强调了阳光的温暖和阴影的阴凉，形成一种赏心悦目的协调。北京故宫、天坛，黄色、绿色和蓝色的琉璃瓦，下面基座衬以一层乃至多层的雪白的汉白玉的台基和栏杆。而我国南方，就使用比较淡雅的色彩，一般是白墙、灰瓦，和栗色、墨绿的梁柱、门窗，形成秀丽淡雅的格调。这是因为北方的春夏植物生长季节，感觉不到什么，而到了冬季，万物枯零，如果建筑物没有鲜明艳丽的色彩，那么整个大地包括建筑物在内，就了无生机、死气沉沉，因此北方建筑物富丽堂皇、鲜艳夺目的色彩的风格设计是和其自然环境紧密相关的。我国南方，由于四季花开，终年青绿，如果也用故宫、天坛这种色彩，那势必刺目耀眼、格格不入，建筑物色彩和周围环境形成强烈的不协调感，因此使用相对淡雅的色彩，在炎热的夏天里，让人产生清凉的视觉美感。

二　时空外延

中国古建筑色彩的运用，不仅从时空内涵上融入自然，而且超越

---

[1]　梁思成主编：《建筑历史与理论》第 1 辑，江苏人民出版社 1981 年版，第 11 页。

时空而引申出具有政治伦理色彩的外延意义与象征意识。色彩的运用与中华民族的审美心理有着密切的关系。早在七千年前的新石器时代，先民们就懂得在建筑物上添加色彩。中国建筑文化中的象征现象，在象征性色彩符号与象征性意义之间的对应关系，大致是稳定的。红色象征豪华、热烈、辉煌；黄色象征明朗、华贵、欢愉；橙色象征富丽；绿色象征生命；蓝色象征沉静、幽深、优雅；紫色象征神秘与丰富；灰色象征质朴；白色象征纯洁。而这些，除表示特定意义外，在建筑形象中还给人以不同的审美感受。

而在中国的封建文化中，颜色的生成又承载着某种象征意义的底蕴和内涵。统治者从维护其政权的需要出发，把颜色政治伦理化、地位等级化。他们把传统文化中的某些学说神秘化，并加以利用。本来《易经》"天玄而地黄"之说，仅仅是一个方位加色彩的概念而已，即阴阳五行学说中位置与色彩的象征性，即金、木、水、火、土与位置的对应而已。天苍地"黄"，黄色居中成为中央正色，黄色因此成为表达皇权的方式。"坐镇中枢，统治天下"，而黄袍成为皇帝的专用服装。历代宫殿因专为帝王所用，也以黄色为主要色调。还有，红色表示富贵荣华，是美好的象征，也就大多为皇家所用。这样，黄色属帝王之色，一般平民不能乱用；红色象征着中央政权，一般民宅也不能乱用。《礼记》记载："楹，天子丹，诸侯黝，大夫苍，士黄"，皇帝的房子用红色，诸侯用黑色，其他官员用黄色。北京故宫红墙黄瓦，而一般平民住宅，则只能使用灰色，颜色就这样有了政治伦理、地位尊卑的色彩。

北京故宫高贵华丽的黄、红两色，配有太和殿基座的白色，使富贵的黄、红色得到有效的展现。再如，天坛祈年殿的色彩，其文化含义更是奇妙，天坛是祭祀天地、祈求风调雨顺的场所，作为皇家建筑自然以黄、红二色为基调，但为了体现祭祀的象征意义，上檐覆盖以蓝色的琉璃瓦，代表"天"；中层黄色，代表"天子"；下层绿色，代表"地"，这样祭祀上天，祈求五谷丰登，突出植物生命与丰年的主题，也就表述得很透彻。另外，色彩作为一种媒介，把"天""地""人"连在一起，实现了"天人合一"的诉求。

色彩在中国古建筑文化中的运用，也是随着时间的推移而发展改变的。早期更多的是一种审美意义上的装饰，到了秦代，增加了伦理色彩，随着五行、阴阳学说对色彩的象征意义的定位，不同的时期又有了不同的表现形式。颜色的变化不仅仅是建筑的装饰手段，更重要的是反映不同的信仰和等级。《吕氏春秋·名类》将同阴阳五行相配的青、赤、黄、白、黑五色与朝代兴替、事物结局联系了起来。不同朝代的颜色有不同的等级对应，先秦礼制规定：帝王宫殿柱子为红色，诸侯的为黑色，大夫的为青色，士为黄色；唐代以前，多以朱、白两色为主；而到了唐朝，黄色成为帝王专用色；到了宋代，则采用了华丽彩画，宋代喜欢清淡高雅，重点表现品味，其受儒家和禅宗哲理思想影响，往往是青绿彩画、朱金装修、白石台阶、红墙黄瓦综合运用，宋《野客丛书》中写道："唐高祖武德初，用隋制，天子常服黄袍，遂续士庶不得跟，而服黄有禁自此始"；元代室内色彩丰富；而到了明清两代，则更加注重色彩的繁华艳丽，色彩和雕饰的应用更追求金碧辉煌的奢华效果，只有宫殿、陵墓及奉旨兴建的坛庙可以用黄色，其他擅用者，视为僭越，处极刑，而白色被看作凶丧之色，帝王贵族都回避，只有庶民的房屋以白色涂墙。

综上所述，色彩在中国古建筑文化中的运用，是沿着这样的轨迹发展的：第一，从总体上说，中国传统建筑色彩的使用具有一定的稳定性，并形成了一定的规律；第二，原始的色彩由主要体现本身审美意义演变、扩展到赋予等级地位的意义；第三，色彩的意义和阴阳、五行风水的融合，使色彩有了哲学上的理念，从而具备了时空的内涵；第四，色彩在皇家建筑中的使用和民间建筑中的使用，更多的是体现封建等级意识，从而具备了伦理功能；第五，色彩在南方环境和北方环境的运用迥然不同，体现了色彩的地区差异和因地制宜的建筑风格。然而不管从哪个意义上说，色彩运用的主流是体现人、建筑和自然的协调与融合。

随着物质文明的现代化和居住建筑的高层化，人类感到距离自己的栖息地越来越远，找回原有栖息地、生活方式和生存伙伴的渴望就越强烈。中国古建筑无论是朴素自然的建筑实用意识，还是后来演衍出的风水学的象征意义，其所体现的核心内涵——建筑与自然的和谐、人与自然的和谐都是古建筑文化非常合理的要素之一。无论是选址上的依山傍势、因地制宜，布局上的契合自然、协调对称，还是建筑数字上的蕴藉自然、质地上的取法自然、色彩上的融于自然，都统一在对大自然的亲和、亲近和依赖。更重要的是，中国古建筑的庭院式空间院落使居住者可以经常在一起交流信息，互相帮助，整个院落住宅充满凝聚力和安全感以及和谐气氛。这种理念，无疑是中国古建筑人与自然相辅相成、相依相偎的建筑实践的思想基础，是千百年来中国古建筑文化精华的积淀。它体现了人的自然属性和社会文化属性所需，是古代劳动人民智慧和实践的结晶。

当然，基于封建社会小农经济传统哲学思想的历史背景条件影响，也存在封闭、保守、僵化及技术落后的一面，但中华文明孕育的环境精神文化形态的和谐理念、智慧和实践经验，仍有其重要的现代启迪意义。我们仍然可以从村落环境的整体性，人工物质形态和人、自然、社会和谐的合理性以及以人为中心、以自然山水之美，诱发人的意境审美和生活快乐愉悦的自然审美观，还有对村落环境的创造，从自然景观入手，颇具匠心的规划立意和布局，所体现出的质朴而富有自然丰韵、人性情感的创造智慧中感受到中国古建筑文化的魅力和人性化环境的灵魂所在。而这种魅力和灵魂，正是我们今天的建筑理念和建筑实践所需要的。

中国古建筑文化深深植根于中华民族的本土文化中，直接、质朴、直观地体现了中华传统文化中的自然观、哲学观、人文思想、文脉传统等内涵，体现了人、自然、建筑和谐等社会文化的人性追求，是中国传统建筑文化的"根"。随着中国现代居住环境的多元化，建筑文化的多层次发展，汲取其底蕴丰厚的养料，弘扬传统建筑文化精华，开拓、创造和发展温馨、和谐、充满人格力量和生态平衡的环境文明，建设既根深蒂固又可持续发展的现代建筑理论体系以适应社会的进步和健康发展需要。

第三章

尊卑有序的建筑伦理观念——
人与人的和谐关系

中国传统文化，是在不断地争鸣、演进、排斥和交融中发展的，而始终为各流派所尊崇、追求的文化理念——"和"：崇"和"、尚"和"、贵"和"、求"和"成为中国传统文化的基本精神。战国之前，尽管没有统一的政治哲学思想，但却在百家争鸣的"争"和"辩"中，荟萃和升华了中国的传统文化。至汉武帝"罢黜百家，独尊儒术"以后，儒家思想以对"天人关系、人伦关系、统治秩序"的精辟阐释和"博爱、中庸、人道结合"等以"礼""仁"为核心的政治伦理主张而受到尊崇，成为当时封建政治的理论准则和中国传统文化之主流。"'礼'大言之，便是一朝一代的典章制度；小言之，是一族一姓的良风美俗。"① 儒学从诸子百家的学说中脱颖而出，成为古代中国占主导地位的思想还有一个很重要的原因，那就是在某种程度上迎合了统治者要求："礼治"使统治者依照"礼"所确定的社会等级次序关系和名分规定来治理国家，即承认了等级观念存在的合法性。儒家否认社会是公平的，"名位不同，礼亦异数"，他们认为人从出身、地位、贫富等应有尊卑贵贱上下之分。而尊卑贵贱决定一个人在社会中受到的

---

① 郭沫若：《十批判书·孔墨的批判》，人民出版社 1982 年版，第 20 页。

礼遇和个人行为。要维持这个不公平、不平等的社会秩序，就要使用"礼"，"礼"成为统治者治理国家的首要准则。社会中人们都要以"礼"为准则，安于现状，老老实实依"礼"而为，成为从内心归服的顺民，否则即为犯上作乱，就是违背了"礼"的准则，大逆不道。

孔子认为"贵贱无序，何以为国"①。把贵贱等级秩序当作立国的根本。"礼就是秩序与和谐，其核心是宗法和等级制度，人与人、群体与群体都存在着等级森严的人伦关系。"② 儒家把这种等级制度的建立看作实现社会和谐的前提和要素。"礼之用，和为贵，先王之道，斯为美。"③ 过去圣明的君王治理国家，至善至美在于做人做事能够达到协调，充分发挥了"礼"的作用。

由此可见，在封建社会中"礼"作为人之生活、言行的规范，被看作神圣而不能僭越的。没有礼，则难分曲直；没有礼，则没了言行的准绳，没有了规矩方圆。

人献祭于神，是"礼"的本义。"礼"是表示神与人之间一种不平等的思想与规范。这种思想与规范后来延伸到处理人与人之间的关系，成为一种政治伦理观念及其制度。孔子生于春秋末年，对当时"礼坏乐崩"的社会现象痛心疾首，于是以仁释礼，改制、发展了礼，使对神的礼变为对人的礼，认为等级秩序与博爱是人伦的两个侧面，前者为礼，后者为仁，两者的结合——"礼""仁"便成了孔子仁学的理想模式。

所谓"礼"，孔子认为，春秋时代群雄并起、诸侯争霸、社会纷乱，"春秋无义战"根本原因在于：人欲横流，名分紊乱，社会缺少了一个高标准的道德约束，即少了"礼"。唯一可靠的途径就是重建作为社会行为规范的"周礼"，用来约束人们的行为。要想复礼，必须克己，因此孔子强调要"正名"，辩证礼制等级的名分，严格遵守"君、臣、父、子"

① 傅隶朴：《春秋三传比义》，中国友谊出版公司1984年版，第476页。
② 项岩松：《浅谈礼制对中国古建筑的影响》，《山西建筑》2009年第4期。
③ 《论语》，何明注释，山东大学出版社1997年版，第202页。

的等级关系，使每个阶层的人都明白自己所处的阶层和位置，不超出名分规定的范围，从而使社会稳定。"礼"使"完整的社会系统从各个侧面、各个层次、各个角度，细致入微地限定了每个社会成员的地位、责任、义务。从积极方面看，它承认每个个体的基本生存权利，认为每一个社会成员在获得一份生活资料的同时，又要承担一定的社会责任，从而为整个社会的和谐运作，预设下一个个安定的'细胞'"。[1]

所谓"仁"，是和"礼"互为表里的，"礼"是儒家思想的外在表现，而"仁"则是思想核心。"人而不仁，如礼何?"[2] "仁"，孔子的解释，仁者"爱人"；孟子解释，"亲亲，仁也"。他们的解释其本质意思是一致的，那就是强调血亲人伦关系，这是"仁"的理论重心所在。仁是"人"美好人性的表现，是美德的最高概括。儒家倡导"仁"的本意很明确，就是"把外在的社会等级制度、历史传统，转化为内在的道德伦理的自觉要求，从整顿人际关系中的家族关系入手，讲求父义、母慈、兄友、弟恭、子孝，并以家国同构推而广之，讲求父子有亲、君臣有义、夫妇有别、长幼有序、朋友有信"[3]。这种理想化的教化理念，因其植根于人们内心深处最动人、最难以摆脱的血亲观念之上而备受推崇，从而卓然构成中国传统文化伦理——社会——政治学说的坚实理论基础。

儒家礼治思想的理论基础主要有以下几点：

1. 强调宗法伦理观念

宗法伦理是"礼"的核心内容。在皇权、宗法制度中，君臣、上下、长幼、贵贱都有明确的界限。"君叫臣死，臣不死为不忠，父令子亡，子不亡为不孝"，如果违背，就是犯上僭越，违背伦理纲常。臣民必须接受家长式统治。只能安于现状，老老实实做忠君、尊

---

① 何晓明：《中国文化概论》，首都经济贸易大学出版社 2007 年版，第 91 页。
② 《论语》，李泽非整理，万卷出版公司 2009 年版，第 22 页。
③ 《孟子》，万丽华、蓝旭译注，中华书局 2010 年版，第 82 页。

父、从夫的顺民，在这种伦理观念下，臣、子、妻不敢、不想也不能改变这种不平等的社会秩序。统治者正是用这种"不平等平衡"来达到一种和谐，使人们心甘情愿地接受这种约束，从而维护国家稳定、社会安宁，达到长治久安的目的。

2．宣扬"性善论"

《三字经》的第一句话就是"人之初，性本善"。孟子也强调"仁义礼智根于心"。"性善论"相信人性本善，崇尚道德修养，依靠道德来对权力进行约束，灌输掌权者是道德至善的化身而不会为恶的"上善""上圣"意识，诱导百姓绝对服从；对臣民进行礼德教化，教化臣民要修身养性、老老实实依"礼"行事，做统治者的顺民。

3．主张贤人治国

礼治的理想政治模式是颇具理想色彩的"贤人政治"。所谓贤人就是统治者是天生的"贤者""圣者""智者"，皇帝为真命天子，是上天派下来的圣人，服从他们是天经地义的，符合天命的。其责任是确立"道"和"替天行道"，而贤人就是因为"他"天生是皇帝是大臣，不是因为"贤"而为帝为臣，而是因为为帝为臣而贤。"雷霆雨露皆为天恩"，统治者的话就是金口玉言，天子绝对正确，永远正确，臣民的天职就是要听从天子和贤人的教诲，徇礼守法，任其摆布，安居乐业。

在儒家正统思想看来，"礼"是统治秩序具有强制化的法规，也是伦理道德的规范，具有普遍化的特点。作为一种主流文化，"礼"渗透到中国古代社会生活的各个领域。建筑是文化的重要组成部分，当然也不可避免地受到其制约和影响，建筑艺术也必然体现出以"礼"为主要内容的审美特征。中国古建筑也就成为了最具形象化的体现中国人"仁""礼"和谐的物质存在。这种礼治理论事实上把森严的等级制度、不平等的社会制度合法化，从而促成一种人与人之间的关系平衡而实现统治阶级需要、人民不去反抗的和谐氛围。

"礼"是儒家建房的中心思想。辨尊卑、辨贵贱成了建筑被突出强调的社会功能。建筑具有了等级性，也因此形成了建筑的等级制度，"经国家，定社稷，序人民"成了建筑等级制度制定的目的。所谓建筑等级制度，是"历代统治者按照人们在政治上、社会地位上的等级差别，制定出一套典章制度或礼制规矩，来确定适合于自己身份的建筑形式、建筑规模、建筑用材、色彩装饰等，从而维护不平等的社会秩序"。① 本质上它是"由礼法强加给建筑的等级标识功能，被建筑生成体系容纳吸收，转化为一整套具有等级标识作用的建筑符号体系"。②

回溯建筑等级制度的发展进程，基本上沿着一个不规则的轨迹，那就是从粗疏到细密，从宗教到世俗，在历史演变过程中形成并加强。奴隶社会早期的建筑，就有了随居住者身份的不同而不同的现象，但由于当时的建筑相对简单，仅仅在规模上有所差别，这种差别昭示了日后建筑等级制度的发生；到了周代，等级制度已相对完善，并且以"礼"的形态表现出来。自然会反映到和人们生活关系密切的建筑上。这些必须遵守的规定是最高统治者意志和要求的体现，如果违背就是挑战天子的权威。周代是以宗教活动的要求来规定基本建筑等级制度的，虽历经"礼法堕地""天下无道"的战国时代的"礼崩乐坏"，而周的建筑等级制度却存留下来。建筑等级制度由礼制形态向亦礼亦法形态转变，并得到了相应的执行；到了封建社会的鼎盛时期——唐代，建筑等级制度已经相对完善并进一步扩展，改变了"礼不下庶人"的做法，要求宫室之制自天子至庶人各有等差。随着宗教意味向世俗的演变，更加关注建筑体量，尤其注重了对建筑群组的控制和对建筑之间形态和邻里关系的重视；宋、元基本沿袭唐制。明代皇帝自恃大汉正统，立国之初便制定出详细严密的建筑等级制度并不断修订、补充，进一步强调儒家礼制，有意加大了皇族与一般人之间的区别，且更倾向于世俗化，更多地关注建

① 秦红岭：《建筑的伦理意蕴》，中国建筑工业出版社 2006 年版，第 84 页。
② 彭晋媛：《礼——中国传统建筑的伦理内涵》，《华侨大学学报》（哲学社会科学版）2003 年第 1 期。

筑形态的审美价值而淡化了其原有的神秘宗教含义；清人入关，既是一种疆域上的入住，也是一种文化上的融合，他们没有全盘否定中原文化而是对明代建筑等级制度进行了补充。建筑功能的分类，等级制度的细化，使建筑群体形象更为定形，作为其继承明代建筑辉煌代表作的北京故宫就在这方面达到了艺术的顶峰。

中国建筑艺术的和谐美，深受中国传统文化之濡染。古代基于"礼"而出现的建筑有两种类型：一是"将整个建筑形制本身看作'礼制'的内容之一……同时另外也产生了一系列由'礼'的要求而来的'礼制建筑'"①。前者的主要代表作品是宫殿和民居等；后者如祭祀、纪念、教化等而建置的建筑物或附属设施，像墓葬、宗庙、祠堂、社稷、明堂等都属于此类。这种因为"礼"而出现的建筑等级性在不同建筑形态上的表现，正是统治阶级维护其统治地位，促进其等级制度下人与人和谐关系的一种媒介。

第一节　都城、宫殿：王权至上的政治伦理

都城和宫殿是国家产生的象征和标志。虽然植根于质朴而简单的民居，是在民居的基础上逐步发展、完善、升华而成的，但它们所体现的是当朝建筑的较高标准和当时主流文化及统治者的意志。这虽然有实用功能方面的考虑，但更多的是为了显示自己至高无上。为了满足其穷奢极欲的享受，历代帝王大都倾举国之力，集域内乃至域外的能工巧匠，聚稀世珍宝，务求其豪华堂皇。故宫殿建筑成为当时建筑的精华，充分体现出那个时代的设计思想和工艺水平。"城市是人类聚居地的扩大，随着国家的产生，城市成了统治专制、经济往来和生

---

① 李允鉌：《华夏意匠——中国古典建筑设计原理分析》，天津大学出版社 2006 年版，第 100 页。

活享受基地。历代城池的营建总是力图在此基地里体现王权礼制和秩序。"① 由此可见，都城与宫殿的形制作为一种建筑语言，必然体现统治者对国家的统治意念。统治者为了达到稳定社会、和谐各阶层之间的关系，必然会重视建筑群体的整体效果，重视向平面展开的群体组合和布局，单体建筑的风格要完全服从于建筑组群的需要，成为融入群体的建筑符号。这种统治意念作为建筑语言的形成，从建筑原始的向心倾向，发展到严格中轴对称、中为至尊的规划布局，总体上体现了王者至上的政治伦理观念。

一　原始的向心倾向

"昔者先王未有宫室，冬则居营窟，夏季则居曾巢。"② 上古时期，部落首领亦居茅屋，"尧之王天下也，茅茨不翦，采椽不斫"。③臣僚则穴居，其生活同一般民众并无明显差别，所以"宫"与"室"二字含义原无区别，均指居住用房屋。

新石器时代先民们为了便利和生活安全，以群体形式进行农、渔、猎等活动，而居住则采用聚居的形式，形成聚落式的建筑群组，也就是后来的城市雏形，"它的许多布局原则与建造设置内容，都为日后的城市建设所沿用"。④

随着社会的发展，聚落的内容日益丰富。母系氏族时期，除了一般住房以外，还建有考古学上称为"大房子"的空间体量较大的房屋。"大房子"是氏族公社最重要的建筑物，公社首领居住，一般分为前后两部分，前部大致为会议厅兼礼堂，后部为卧室，即"前堂后室"，也就是后

---

① 白晨曦：《天人合一：从哲学到建筑——基于传统哲学观的中国建筑文化研究》，博士学位论文，中国社会科学院，2003年，第179页。
② 戴胜编：《礼记·礼乐》，时代文艺出版社2002年版，第100页。
③ 李维新译注：《韩非子》（国学经典），中州古籍出版社2009年版，第466页。
④ 刘述杰主编：《中国古代建筑史》（第一卷），中国建筑工业出版社2003年版，第42页。

来宫殿的"前朝后寝"的雏形；其外部为一般住房所环绕。仰韶文化时期的西安半坡村遗址和姜寨村落遗址，都能清晰地看到较小的房屋环绕着中间的空地与"大房子"，这种环形的向心布局，则是部落首领酋长权威的体现，也可以说是"中为至尊"意识的雏形。

1953 年发现的西安半坡遗址，是仰韶文化的典型代表，其居住区被一条深 1.5 米、宽 2 米的小沟分成两小区，每区的建筑物中心有一座面积达 160 平方米的"大房子"，应该是氏族首领所居兼为氏族聚会的场所；"大房子"周围密布着 30—40 平方米大小的中型房子和氏族成员住的 12—20 平方米的小房子，中、小房子的门一律朝向大房子。这种中、小屋围大屋而筑的环形布局，不会是无意识的，而是表现明显的内向氏族聚居的向心倾向特点。

陕西省临潼县城北仰韶文化的另一个代表是姜寨村落遗址，"居住区的住房共分五组，每组都以一栋'大房子'为核心，其他较小的房屋环绕中间空地与大房子作环形布置。"① 五组居住区建筑环绕一个用于祭祀或聚会的中心广场，形成一个总的向心式建筑聚落群，反映了氏族公社生活的情况。如图 3 - 1 所示。

这种"向心"的、"大房子"的建筑风格，不仅使住房间的距离成为捷径，具有一定的实用便利性，同时也体现了原始社会建筑"中为至尊""尚中尚大"的原始建筑等级伦理意识和先民们团结互助的精神。

二 中轴对称、中为至尊

原始聚落居住区中的"大房子"中住的氏族部落首领，随着阶级的产生而成为贵族。阶级分化又使得贵族和平民产生矛盾，另外，各部落之间互相进攻，为防止其他氏族部落的进攻，外造城郭以防范平民的不满而筑沟墙，即所谓"诸城以卫君，造郭以守城"，从周代起，由聚落扩

---

① 潘古西：《中国建筑史》，中国建筑工业出版社 2005 年版，第 17 页。

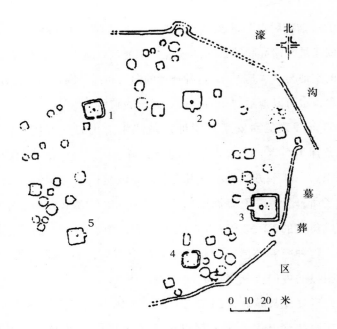

北

濠

沟

墓

葬

区

1 2 3 4 5

0 10 20 米

图 3-1　陕西临潼姜寨村遗址平面图

展而成的都城出现了。和原始聚落相比，都城一是面积扩大，二是有了中轴对称的形制。早期的周都城接近方形，宫殿位于中央，且周围建筑呈对称布局，这就是周朝城市规划中所应用的中轴对称规律。

　　"棋盘式"是封建社会理想的都城形制，其道路南北纵横交叉成网络状。这种建筑形制，体现了组织严密且严厉的政治伦理模式：生活在中心周围的不同阶层的人们，好似棋盘中心的一个"子"，便于中心之王的统治与管理，这是一种偏于冷峻的建筑文化。

　　《考工记·匠人》中描述周都城洛阳"匠人营国，方九里，旁三门。国中九经九纬，经涂九轨。左祖右社，面朝后市。市朝一夫"。据此可知，周王城的平面建筑形制是由对称道路分划的九区正方形，且王宫居中。如图 3-2 所示。这种方形平面形制，一方面，体现了古人天圆地方的观念，王者居中，便于对属下千邦万国的全方位统治；另一方面，"国方九里、国中九经九纬、经涂九轨"中单位数字最高者"九"字的反复使用，体现了帝王"九五之尊"之位。可见，周王城之制，反映了周人择中营王国是"以土中治天下""居天下之中"的王权至上思想。

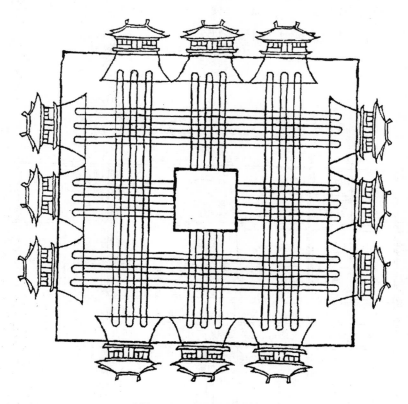

图 3 - 2 周王城示意图

隋大兴—唐长安城，棋盘状将整个城市划分为 108 格，每一格就是一个里坊。据（宋）宋敏求《长安志》记载："长安最外为大城，又称城郭。外郭内，中轴线的最北端，依龙首山建皇城，皇城又称子城。"① 皇城中又建宫城，并通往龙首山的大明宫和含元殿。宫城占据了全城中轴线上最好的位置。如图 3 - 3 所示。据《长安志》引

---

① 《大唐六典》卷7，皇城条，原注："东西五里一百一十五步，南北三里一百四十步，今谓之子城。"中华书局缩印《宋本大唐元典》，第110页。

《隋三礼图》的说法，宫城、皇城东西侧的各三排布置的南北十三坊代表一年十二个月和闰月，皇城之南东西并列四排坊代表一年中的四季。这种棋盘状的"里坊制"，使"王者居中为尊，对百姓绳之以礼"整齐有序的建筑理念昭然警世。

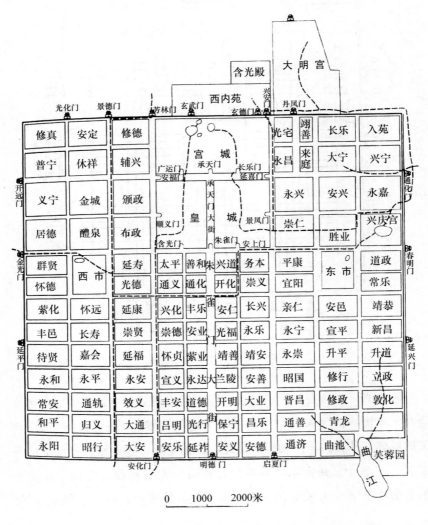

图 3-3　隋大兴—唐长安平面图

　　明清北京城废除了"里坊制"，但城市的总体构架和棋盘式布局却沿袭下来，并把"中轴对称、中为至尊"的建筑思想推向高峰：严格的中轴线将朝寝、庙社、官署统一起来，外城、内城、皇城（紫禁城）、宫城层层封围，且位于中轴线上，两边对称分布的则是次要建筑，体现了封建等级的森严和王权为中心的政治伦理。"这种关于中轴对称均齐的历史嗜好与建筑形象，不仅具有礼之特性，而且具备乐的意蕴。可以说，这是中国式的以礼为基调的礼乐和谐之美。"① 中国传统建筑文化对"中"的空间意识的崇尚，很多学者认为是人类的向心之心理产生了"居中为尊"的思想。居中之位，既有利于控制四方，也有利于四方进贡。孔子曾说："譬如北辰，居其所而众星共之。"意即北斗星的运转总是围绕北极，北极恒定不动，而满天的繁星以它为中心不停地运动，这种天象也正好象征人间秩序，天上世界的中央至尊对应地上世界的中央至尊。《荀子·大略》有"王者必居天下之中，礼也"。这种以"礼"为内核的王者至尊、天地秩序的对应，也暗合了"君权神授"，使王者至高无上的权力神圣不可侵犯。

　　中国古典建筑群体中"尚中"情怀，不仅取决于各单体建筑之间的相互关系所产生的外在审美要求，更取决于父父子子、君君臣臣的内在社会伦理关系。在一个建筑组群中，不同的服务对象相应不同的建筑的大小、方位和装饰，建筑群体成为政治秩序和伦理规范意识的载体。中国传统建筑中，群体意识的伦理观念尤其是辨尊卑、辨贵贱的社会功能被注重、被强调。为了突出皇家君权的地位和建筑等级观念，历代都有相应的规制法典对城制、组群、间架、装修等等级做出严格的规定。除了以中轴对称的建筑布局体现中为至尊的理念外，

---

　　① 王振复：《宫室之魂——儒道释与中国建筑文化》，复旦大学出版社2001年版，第63页。

还从建筑规模和体量、空间大小、色彩变化等方面来凸显和强化。

《考工记·匠人》记述了西周的城邑等级："王宫门阿之制五雉，宫隅之制七雉，城隅之制九雉。经涂九轨，环涂七轨，野涂五轨。门阿之制，以为都城之制。宫隅之制，以为诸侯之城制。"城邑分为天子的王城、诸侯的国都和宗室与卿大夫的都城三个级别，且王城的城墙高九雉，诸侯城高七雉，而宗室与卿大夫的城高只能是五雉，不但如此，连三个级别的城邑的道路也有了等级规定：王城的经涂宽九轨（九辆车的宽度），诸侯的国都经涂宽七轨，而宗室与卿大夫的都城经涂只五轨。这里清楚地表明，周代的建筑已经从类型、尺寸和数量方面具有了明显的等级性，这种等级性，一直为后世的建筑等级制度所沿用。《礼记·王制》："有以高为贵者。天子之堂九尺，诸侯七尺，大夫五尺，士三尺。"堂阶也具有了等级性。不只是堂阶的层次和高度，就连城门的多少也有定制，"汉代以来，城门道的数目代表一定等级，都城和宫城的城门开三个门道，中央为御道，二旁门左出右入。一般城市的城门只开一个门道。到唐代，又出现了开五个门道和两个门道的做法……"①

这种严格的等级制度，一方面使人们清楚地明白自己的社会地位，安分守己而达成统治者所需要的"社会稳定与和谐"，另一方面潜意识上束缚了人们的个性和创造性，因而在某种程度上造成了中国古建筑形制演变缓慢，且发展和创新也受到了约束和限制。

三 择都之中而立宫

王权思想在城市规划中的体现是"择都之中而立宫"。

宫殿，是统治权威的象征，为皇家禁地。它们常常同最高统治者

---

① 傅熹年主编：《中国古代建筑史》第二卷，中国建筑工业出版社2001年版，第354页。

的命运息息相关，是重大历史事件的策源地，因而成为"历史载体"。

为了体现皇权的至高无上，表现以皇权为核心的等级观念，宫殿建筑大都金玉交辉、巍峨壮观。其典型特征是斗拱硕大，以金黄色的琉璃瓦铺顶，有绚丽的彩画、雕镂细腻的天花藻井、汉白玉台基、栏板、梁柱以及周围的建筑小品。由于中国的礼制思想里包含着崇敬祖先、提倡孝道和重五谷、祭土地神的内容，中国宫殿的左前方通常设祖庙（也称太庙）供帝王祭拜祖先，右前方则设社稷坛供帝王祭祀土地神和粮食神（社为土地，稷为粮食），这种格局被称为"左祖右社"。

宫殿建筑是龙的世界，建筑装饰中随处可见龙的身影。龙是中华文化的图腾，也是皇帝的象征，象征皇帝是天子，其地位至高无上。仅故宫的太和殿上下里外就有 12654 条龙。宫殿建筑大都采取严格的中轴对称的布局方式：中轴线上的建筑高大华丽，轴线两侧的建筑相对低小简单。整个皇宫的主要建筑都位于中轴线上。这种严格的中轴对称布局格式，能突出帝王的威严和至尊，更是为了体现封建社会森严的等级制度。

我国经历了漫长的封建社会，历代帝王为了满足其骄奢淫逸的生活和维护其统治的威严，往往大兴土木，营建各种超豪华的宫室殿堂。秦始皇统一中国后兴建的阿房宫，就已达到惊人的规模。据《史记》载，阿房宫"东西五百步，南北五十丈，上可以坐万人，下可以建五丈旗"。西汉初年修建的未央宫，宫城周围达 8900 米。汉高祖刘邦曾因见到这座宫殿建筑的奢华而动怒，主持这一工程规划的萧何说："天子以四海为家，非壮无以重威。"这说明统治阶级已经认识到，规模宏大的宫殿建筑也可以作为巩固其政权的一种工具。萧何的这个看法，很为后代帝王推崇，故历代帝王更加重视都城和宫殿建筑。

秦汉以后，宫殿逐渐成为帝王居所的专用名，始终在中国古代建筑中占有重要的位置。可惜许多宫殿建筑都已成为遗迹。现存规模最大、最完整也是最精美的宫殿建筑首推北京的故宫。

故宫是中国古代建筑艺术的巅峰，更是世界建筑史上的奇葩，还是封建等级制度在建筑中体现的典型代表。

北京故宫始建于朱棣发动"靖难之变"夺得皇位后的明永乐四年（1406 年），建成于永乐十八年（1420 年），初建时被奴役的劳动者有工匠十万人，夫役百万人。前后经过 14 年时间，建成了这组规模宏大的建筑群，其时称紫禁城。清朝沿用后，只是部分经过重建改建，总体布局基本上没有变动，是明清两代中国统治阶级政治和文化活动中心，先后有 24 位皇帝相继在此登基执政。

故宫严格地按《周礼·考工记》中"前朝后寝，左祖右社"的帝都营建原则建造。在建筑布置上，用形体变化、高低起伏的手法，组合成一个整体。在功能上尤其符合封建社会的等级制度，同时达到左右均衡和形体变化的艺术效果。

故宫主轴线的空间序列渗透出浓厚的政治伦理。整个宫殿沿着一条南北向的中轴线排列，三大殿、后三宫、御花园都位于这条中轴线上，并向两旁展开，南北取直，左右对称。如图 3 - 4 所示。这条中轴线不仅贯穿在紫禁城内，而且南达永定门，北到鼓楼、钟楼，贯穿了整个城市，气魄宏伟，景象壮观。古代匠师按照"礼"的要求，"择中立宫"表现帝王至尊，即"中轴对称，中为至尊"。布局严谨、庄重、脉络清晰、主从分明、威严神圣。其实这些手段，都是为了烘托皇权的威严，渲染皇帝、皇权的至高无上。"我们可以说故宫中的中轴是一个政治事件，一个指定的存在空间，一个身体的动线；它把我们的意向引向政治意识的形态中心，皇帝成为中心目标。"①

故宫坐北朝南，朝向本身就体现着皇权至上的封建统治思想，故

---

① 尹国均：《作为"场所"的中国古建筑》，《建筑学报》2000 年第 25 期。

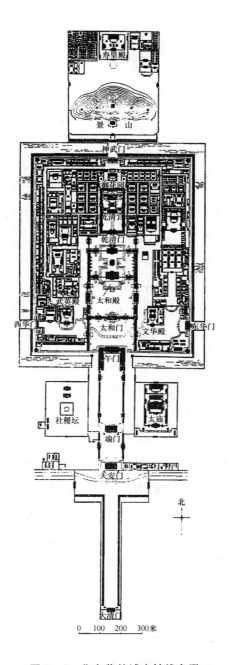

图 3-4 北京紫禁城中轴线鸟瞰

宫又名"紫禁城",其命名是为了对应天上居"三垣"之中的紫垣星,象征着"天地合一""中为至尊"。故宫城外是皇城,皇城外是北京城,城外有城,城城包围,皇帝宝座——龙椅安置在紫禁城东西南北中轴中心点上,象征着皇帝坐镇中央,威慑天下。

故宫总体上可分两部分,前朝和内廷。前朝建筑高大森严,显示着皇权的至高无上;内廷建筑自成体系。前朝内廷,分工明确,不得随便逾越,体现中国自古以来的等级分明、内外有别的伦理观念。中国封建社会宗法观念的等级制度,在故宫前朝内廷的比例、规模、藻饰、色彩等多方面得到体现。

前朝以太和、中和、保和三大殿为中心,文华、武英两殿为两翼,其中又以举行朝会大典的太和殿为主要建筑。太和殿、中和殿和保和殿都建在汉白玉砌成的工字形基台上,太和殿在前,中和殿居中,保和殿在后。太和殿作为最高等级的建筑,其形制、规模等得到了最淋漓尽致的表现。太和殿长宽之比为9:5,寓意为"九五之尊"。其高35米,采用最尊贵的重檐庑殿式屋顶,且屋顶走兽和斗拱出挑也分外居多;三层汉白玉石台基,超规制的11间面阔,龙、凤题材的雕刻、彩画和藻井图案——象征福禄无量,大量的金黄色和红色的使用更使整个建筑群显得富丽堂皇,威严雄壮。太和殿的月台上陈设着日晷、嘉量、铜龟年、铜鹤等,殿中间是封建皇权的象征——殿内2米高台上的金漆雕龙宝座,金碧辉煌,庄严绚丽,象征皇权至高无上。太和殿全部采用木结构建筑,是中国最大的木构殿宇。

为了强调前朝的尊严和最高等级的地位,太和殿前面布置一系列的庭院和建筑。其前庭院平面方形,明朗开阔,是紫禁城内最大的广场,有力地衬托出太和殿作为整个宫城主脑的地位,使人们在进入太和殿前,就充分感受到其雄状、威严、肃穆的气氛。保和殿高29米,呈长方形,面阔9间,进深5间,屋顶是重檐歇山式,此殿是每年除夕皇帝赐宴外藩王的场所,也是科举考试举行殿试的地方。

太和殿和保和殿之间是相对较为矮小的四角攒尖式屋顶的中和殿，高 27 米，平面呈正方形，面阔、进深各为 3 间。这三大殿四周房屋有单檐庑殿顶、单檐歇山顶、硬山顶等数种，这种屋顶的变化，不仅起到区别主次、等级的作用，而且体现了统一、多变的艺术手法，使整个宫殿建筑在严谨肃穆中又有了一定艺术美感。

从以上介绍可以看出，太和殿是皇帝上朝的地方，级别最高；保和殿是宴请外藩王宫贵族、科举考试的地方，规格级别仅次于太和殿；而中和殿是两殿之间的过渡，是皇帝祭天前休息的处所，所以规格再次一级。除了规模、藻饰、屋顶等有不同之外，从高度（三殿高度分别是 35 米、29 米、27 米）也可以看出，等级分明的建筑设计理念。

内廷是故宫建筑的后半部，以"后三宫"——乾清宫、交泰殿、坤宁宫为主，它的两侧是供嫔妃居住的东六宫和西六宫，也就是人们常说的"三宫六院"。其规格和藻饰又不同于"前朝"，一是规模变小，二是图案区别于前朝的"龙"而绘为"凤"，三是尺寸均为"偶数"即"阴数"。

故宫的这种总体布局，突出地体现了传统的封建礼制"前朝后寝"的制度。在建筑风格上与前朝相同，但其建筑物的规模、面积却小于前朝。在总体布局上，前朝和内廷不是中间分开，而是前三殿占据了整个宫殿的大多半空间，后三殿及其他部分显然是从属于前朝，布局比较紧凑，这一处理手法，目的是突出前朝的主体地位。

东西六宫是后妃生活区，其主体宫殿则是次一等的单檐庑殿或单檐歇山式屋顶。皇帝的内家庙奉先殿和乾隆做太上皇用的皇极殿，用的是重檐庑殿屋顶，而皇太后用的宫殿一般用单檐歇山顶。等级规制由此可见一斑。

作为皇宫的故宫，是皇权的象征，是封建王朝的中枢所在地，有着至高无上的地位，它庄严、肃穆，充满神秘感，整个设计思想更是突出体现了封建帝王至高无上的权力和森严的封建等级制度。

明清故宫的设计思想首先是体现帝王权力，其用于体现封建宗法礼制和象征帝王权威的精神教化作用要比实际使用功能更为重要。它所承载的皇权肃穆威严的气概，使宫殿艺术成为了一系列封建等级思想的载体，充分表明故宫的独特性和唯一性。这座巍然矗立于中华大地北方、被深红色的宫墙和金黄色的琉璃瓦包裹的、富丽堂皇的巨型建筑群，以它高贵的气质和独特的建筑语言述说着封建帝王至高无上的权威和封建等级制度的冷峻与森严。

故宫的设计与建筑，实在是一个无与伦比的杰作，它布局和谐、形式庄严、气势雄伟、豪华壮丽，标志着中国悠久的文化传统，显示着五百多年前匠师们在建筑上的卓越成就。而更重要的，它是一部中国封建社会、封建制度尤其是中国封建等级制度在建筑中体现的活字典。这个庞大的建筑群，其实都是由一个个独立的四合院组成的，强调和追求的不是向空中的发展，而是在地面上的延伸，体现了中国人的空间意识，同时群体的序列有助于显示统治王朝的威严。这种格局从伦理上说体现了儒家等级观念，是封建社会体制在建筑领域的典型体现。从审美的层次上看，强调群体组合，强调有序化和对称性，追求平面伸展对称，是中华民族普遍审美观的体现。

第二节　民居：血亲家族宗法伦理

"民居建筑是人类社会宝贵的物质文化，人们把民居看成是'泛文化'、'大众文化'、'文化之母'，它铭刻着社会政治、经济、文化、民族、哲学、宗教、历史、地理、伦理、道德以及习俗、绘画、书法、雕塑、工艺等多方面的客观烙印。民居是一种内涵极为丰富的文化形态，它以物质形态和技术手段表达文化内涵，并对社会时尚和主人的追求做出注释。"① 同时，也是一个民族和时代意识形态的映像。作为中国建筑文化的源头和中国传统建筑的一个重要类型，中国传统民居凝聚了中华民族的生存智慧和创造才能，直观地表现了中国传统文化的价值系统、民族心理、思维方式和审美理想，同时也承载着中国封建社会的等级制度理念。

"民居，作为居住类建筑的一个重要门类，是为了满足人的生活需要而建，是具有血缘联系的家庭成员的居住环境。在这个意义上可以说，民居者，'家'也。"② 作为中国古建筑的滥觞，民居无疑是中国古建筑这棵参天大树的萌芽。人类自"巢居""穴居"开始，后来住宅为"宫室"，再后来叫"居处"，均指人类起居和户内工作能遮阳、挡雨、避风的处所。"在房屋建筑到了一定成熟阶段之后，便开始确立一些标准的住宅形式，最高级的称为'寝'，皇帝住的叫'燕寝'，至于大夫以下的官员住宅则称为'庙'，一般的士庶人等居室就叫'正寝'。"③ 可见住宅也具有了一定的等级性。由于生活生存的实际需要，民居这种因地制宜的实用性建筑，是随着人们智慧的发展和生产力的提高而发展和演变的，这种发展和演变又随着社会结构和社会组织的发展和演变而不断地由简单而复杂、由低等而高级而衍变成熟，最终直接影响到国家产生之后，奴隶社会乃至封建社会统治阶层的公共大型建筑，即王城、宫殿等。可以说，都城与宫殿作为上层集团的大型豪华建筑，也是从民居的土壤上产生的。不可否认的是，当这些越来越高贵、华美、壮丽的建筑形成后，又反过来引导和影响着村落和民宅建筑。从早期对大自然的下意识的依赖和亲近到后来有意识的敬重和崇拜，中国民居走过了几千年的历程，其理念不断丰富

---

① 左国保等：《山西明代建筑》，山西古籍出版社 2005 年版，第 104—105 页。
② 白晨曦：《天人合一：从哲学到建筑——基于传统哲学观的中国建筑文化研究》，博士学位论文，中国社会科学院，2003 年，第 137 页。
③ 李允鉌：《华夏意匠——中国古典建筑设计原理分析》，天津大学出版社 2006 年版，第 84 页。

和发展。

"'民居'一词，最早来自《周礼》，是相对于皇居而言的，统指皇帝以外庶民百姓的住宅，其中包括达官贵人们的府第园宅。"① 民居建筑作为一种类型，是中国建筑史学家刘敦桢在 20 世纪 40 年代首次提出的，奠定了我国传统民居系统研究的基础。尽管民居和宫殿、礼制等建筑相比要简单，往往被人所忽略，但封建社会作为一种延续几千年的根深蒂固的伦理意识，它的影响却在潜移默化中渗透进来，所以体现在民居建筑上的血亲家族等级观念绝不比其他建筑逊色。民居空间的等级和秩序化，不仅有功能上、视觉上的要求，而且也是礼制的表现。

民居的建筑等级伦理在群组建筑和单体建筑上有不同的体现。

一　群组建筑

"民居本来是人类的聚居生活世界和人类聚居的环境的基本领域。"② 从这个意义上说，民居的概念既包含了所谓的民居居住建筑，又包含了人类聚居环境的基本领域。住宅建筑中因其主人地位不同，相应规模、位置、装饰均不同，按三纲五常的人际关系展开，这样，建筑群体理想地体现了政治秩序和伦理规范。从内在到外形，主从区别明确，各等级的住居有了共同准则和依据，并且一目了然，尊卑分明，准确地表达了他们要表达的礼制制度的等级居住内容。

和宫殿建筑一样，宗法制度对中国传统民居的影响是深刻而广泛的。"在一个家庭里，以家长为核心与其他人等按照亲疏关系构成了一个平面展开的人际关系网络，在一个建筑群内部，建筑也因

---

① 周鸣鸣：《中国传统民居建筑装饰的文化表达》，《南方建筑》2006 年第 2 期。
② 郭谦：《湘赣民系民居建筑与文化研究》，中国建筑工业出版社 2005 年版，第 10 页。

其服务对象不同，按照这个人际关系网络展开，相应建筑的大小、方位和装饰也不相同，使得建筑群体成为理想的政治秩序和伦理规范的具体表现。在这样一个系统中，不可避免地、单一方向的秩序感会得到特别的强调。"① 统治者为稳定和巩固自己的统治，提倡敬宗尊祖的礼制观念和以孝道尊卑为核心的伦理观念，以和君臣、上下尊卑有别的封建礼制相吻合，形成了同构对应现象，表现在民居建筑中则是聚组而居的大家族中的内外有别、上下有别、男女有别的庭院式居住形态。

> 我国家族之制古矣，一家之中，有父子，有兄弟，而父子兄弟又各有匹偶焉。即就一男子而言，而其贵者有一妻焉，有若干妾焉。一家之人，断非一室所能容，而堂与房又非可居之地也。——其既为宫室也，必使一家之人，所居之室相距至近，而后情足以相亲焉，功足以相助焉。然欲诸室相接，非四阿之屋不可。四阿者，四栋也。为四栋之屋，使其堂各向东西南北，于外则四堂，后之四室，亦自向东西南北而凑于中庭矣。此置室最近之法，最利于用，亦足以为美观。名堂、辟雍、宗庙、大小寝之制，皆不外由此而扩大之，缘饰之者也。②

作为汉族传统民居经典形式四合院的历史源远流长，其空间布局较突出地反映了家族伦理观念。古文献记载，早在夏商时期，中国古建筑就已经采用"四向"之制，即以一个称为"中庭"的空间为中心，东、南、西、北四方用房屋围绕起来。《董生书》曰："天子之宫在清庙，左凉室，右名堂，后路寝，四室者，足以避寒暑而不高大

---

① 刘森林：《中国古代民居建筑等级制度》，《上海大学学报》2003 年第 1 期。
② 王其均：《传统民居厅堂空间的深层内涵》，《建筑师》第 72 期。

也。"看来古人很早就将房屋分别布置在东、南、西、北四个方向上，目的就是构成一个封闭的向心的内院。"四向"和"中庭"的平面布局可能和古代帝王的以自己为中心的思想统治有关。但是，这种意义并不是主要的。以"院"为中心的建筑群组织方式，发展成为中国古代建筑的主要组成形式。其最大的原因就是这种性质的空间为所有人所必需。当然，"院"并不是一定要依靠四周围绕成房屋才能构成，它可以附在房屋的前面作为前院，也可以附在后面作为后院。古代的房屋建筑，是以"间"为数量单位的。而建筑群，则是以"院"来表示，因此，在建筑群的组成观念中，"院"被称为一个基本的组成单位。由"间"组成"院"，串联起来的"院"组成路，由有主次、层次的"路"构成整体的"群"，也就形成了所谓的"庭院式"建筑空间序列。

这种"庭院式"的建筑空间序列，随着经济的发展和阶级地位的分离，使这些房屋的居住者就有很明确的"君臣、尊卑、长幼"之分了。汉代画像砖形象地说明了"庭院式"建筑序列发展的痕迹。

四川出土的画像砖，整个住宅用墙垣包围起来，内部再划分为左右并列的两部分。左侧为主要部分，右侧为附属建筑。主要部分又分为前后两个院落；最外为大门，门内有面阔较大而进深较小的院子，再经一道门至面积近于方形的后园。这两个院子的左右两侧都有木构的走廊，与 1953 年发现的山东沂南县汉墓画像石所示日字形庙宇并无二致，可见汉代的住宅庙宇已使用规制整然的四合院了。①

---

① 刘敦桢：《中国住宅概说》，百花文艺出版社 2004 年版，第 29—30 页。

图3-5　山东嘉祥县汉武梁祠画像石

山东嘉祥县武梁祠画像石如图3-5所示，"在中轴线上雕有四柱式重楼……可了解汉代的四合院的组合，不仅绕以回廊或阁道，并且在院子左右配列对称式的房屋"。①

四合院式的住宅在汉代就已经很普遍了，"用围墙和回廊包围起来的封闭式四合院，不但从汉代到清末的住宅如此，宫殿庙宇及其他建筑也大都采取同样方法"。②

明清时期，四合院的等级性发展成熟。三进式的四合院很典型，如图3-6所示。其特点是沿中轴线由南至北分为门道、前堂、后室。前堂和后室之间由廊相通，两侧为前后相通的厢房。从大门进来后，迎面是一块"影壁"（又叫"照壁"）墙，紧贴着东屋的南山墙，又叫"萧墙"，其功能更多的是保护私密性。古人称内乱为"祸起萧墙"正是由此而来。三进式四合院多有前、后或外、内两院，形成

① 刘敦桢：《中国住宅概说》，百花文艺出版社2004年版，第31页。
② 同上书，第34页。

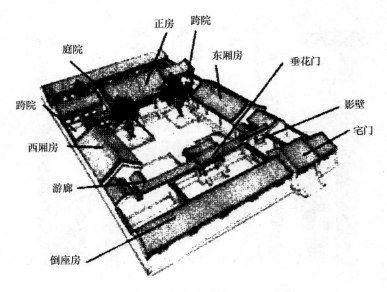

图 3 - 6 典型四合院民居平面示意图

内外分明的空间格局，妇女不能随便到外院，客人不能随便到内院。
《礼记·内则》说："礼始于谨夫妇，为宫室，辨内外，男子居外，
女子居内。深宫固门，阍寺守之，男不入，女不出。"由此可以看
出，四合院住宅营建的主要原则为：辨内外。这种格局同时也要求人
们在不同的伦理环境下应对不同居住者的身份，约束其遵守不同的行
为举止。四合院最大的特点就是对称，前室和后屋对称，东西厢房对
称，四合院的布局形态，有正房三间，两侧各一间耳房，三正二耳共
五间，正房对面是南方，又称倒座房，正房和倒座房尺寸较大，两边
的厢房尺寸较小，同时四合院也有着主次分明、尊卑有序的建筑规
格，比如，正房大于厢房，厢房高于耳房。整个院内建筑严格按等级
设置，正房坐北朝南，为高辈分的主人居住，厢房子侄辈居住，"倒
座"则是仆役居住，这种等级安排极为严格，否则就是越礼。其实
即使同为正房或同为厢房，也按左右分出上、下，即兄或弟也要等
级、层次分明，不得随意居住。"四合"即四面围合，形成一个相对

封闭的居住单元，四合院的出口，大都在倒座房的左边，即院门，之所以把院门开在一侧，是因为按照封建等级制度只有皇宫和衙门才能在南北中轴线上开门，平民百姓家，如果也在中轴线上开门，那就是僭越犯上。从整体来看，坐北朝南，多个四合院由街、坊、胡同缀成村落，按轴线共同组成一个相对较大的居住环境。

山西祁县民居是中国封建社会颇有代表性的建筑实例。其形制和布局安排所表述的等级关系既系统又条理清晰，它所体现的是左上右下、东尊西卑的昭穆之制，是中国古代区别长幼、远近、亲疏、尊卑的影响社会方方面面的，颇有代表性的等级制度。如东厢房的屋脊高于西厢房，东厢房的尺度略大于西厢房，东厢房的入口也略大于西厢房。由此可见，等级制度在传统民居中是十分严谨的。这样的等级要求，正如封建官府中，服饰的颜色、顶戴花翎绝对不可越级，皇帝的龙袍臣民要穿就是僭越。

空间既然是表现建筑形式的要素，也不可避免地成为表现建筑等级的要素，传统民居的空间要素是人们受封建思想约束的一种形象反映，中庭式院落，对内空间通透流畅，对外空间封闭保守，有些时候，为了不至于超越主人的身份等级，甚至牺牲空间的通透性来符合封建等级的要求。可见人们受封建礼教束缚的严重性和长期的封建教化加给人们的等级尊卑的礼制观念。

中国民居建筑等级制度，是从夏商周时期的规定围绕宗教和战争等展开的。到了唐宋时期，民居建筑等级制度的发展趋势更加缜密、明朗、世俗和装饰化。到明清时，分门别类，细致烦琐，甚至包括房梁雕刻，图案都有着翔实的等级规定。这种等级规定，从官员开始，一层一层传至民间，上行下效，甚至在人们的心目中，不再是统治者的规定，而和风水联系在一起，如果超规格僭越等级，就会带来不吉利、不顺遂、人死家亡等灾难性事件。可见，这种等级制度，对人心的渗透到了神魔、迷信的程度。

二 单体建筑

群组建筑的平面格局具有等级性，单体建筑的空间形态和规格也不例外。《礼记》中有堂阶制度的规定："天子之堂九尺，诸侯七尺，大夫五尺，士三尺"，进入建筑的台阶高低也成了等级制度的载体。单体建筑的等级制突出地表现在间架做法上。唐代《营缮令》规定："三品以上堂舍不得过五间九架，厅厦两头，门屋不得过三间五架；四、五品堂舍不得过五间七架，门屋不得过三间两架；六、七品以下堂舍不得过三间五架，门屋不得过一间两架。"组群建筑的等级体现在房间的位置、大小、朝向等方面，单体建筑更多的是量的体现，如间、架的数量是非常严格的。"间""架"的数量在不同品级的官员是有着严格的区别的，如果越级越位，带来的将是获罪革职甚至更为严重的后果，如果平民百姓逾越这个界限就是忤逆犯上了。

《明史·舆服四》中记载着百官第宅一直到百姓民居的等级要求："一二品官员，厅堂五间九架，屋脊用瓦兽，梁栋、斗拱、檐桷青碧绘饰，门二间三绿油，兽面锡环。三至五品官员，厅堂五间七架，屋脊用瓦兽，梁栋、檐桷青碧绘饰，门二间三架，黑油锡环。若是六品至九品，则厅堂三间七架，梁栋饰以上黄，门一间三架，黑门铁环。所有品官房舍，门窗户精不得用丹漆，至于布衣百姓，规定则更为苛刻谨严，庶民庐舍，洪武二十六年定制，不过三间五架，不许用斗拱，饰彩色。三十五年复申禁饰，不许造九五间数，房屋虽至一二十所，随其物力，但不许过三间，正统十二年令稍变通之，庶民房屋架多而间少者，不在禁限。"

从这烦琐而详尽的规定中，不难看出，封建社会越发展到后期，等级制度愈发严酷森垒。这固然与传统的社会文化，建筑文化，在其运行中的加速度有关，而更重要的原因是，封建社会到了末期，随着人们意识的觉醒、思想的进步，不再像早期的百姓那么深信不疑，那么虔诚地信奉封建的等级制度。而封建统治者为了维护自己渐趋腐朽没落的政治和文化统治而变本加厉地进行控制。千百年来，建筑被统治者和封建礼制的鼓吹者视为标示等级区分、维护等级制度的重要手段。作为社会底层或中下层的平民百姓，在这种长期的熏陶和濡染中，也把这种等级制度看成了天经地义的。他们在日常行动或建筑活动中，自觉地执行和遵守了这种礼制，使得封建理念越发深入人心而成为维护封建社会中不平等和谐的强有力的精神桎梏。中国古建筑因此也清晰地体现了这种精神。

第三节　礼制建筑：民族宗教伦理

"祭祀类带有礼制性的建筑，其文化意义首先表现为崇拜兼审美的双重性质及内涵。它所祭祀的对象，无论天地、日月、山川、星辰还是祖宗、著名历史人物，都是人们所仰慕、敬重、崇拜的对象。"[1] 这些特殊类型的建筑，不像佛寺、道观那样有强烈的宗教信仰特征，却具有一种一定的民族宗教文化的崇拜意义，也不像宫殿那样具有强烈的政治伦理意味，但渗融着政治伦理的丰富内容。

《史记·礼书》："天地者，生之本也；先祖者，类之本也；君师者，治之本也。无天地恶生？无先祖恶出？无君师恶治？三者偏亡，则无安人。故礼，上事天，下事地，尊先祖而隆君师，是礼之三本也。"古人认为：天地是生命的本源，祖先是家族的根本，国君是治国的标本，所以要敬天地、尊祖先并突出国君的地位。这便是"礼之三本"。在这种敬天尊祖的"礼"的观念指导下，便产生了礼制建筑。实际上，天地、祖先、国君分别代表神权、族权、君权，具有民

---

① 白晨曦：《天人合一：从哲学到建筑——基于传统哲学观的中国建筑文化研究》，博士学位论文，中国社会科学院，2003 年，第 208 页。

族宗教伦理意义的礼制建筑是统治阶级用作统治人民和巩固贵族内部关系的一种手段，目的在于维护其宗法制度和神权、君权、族权，并具有维护贵族的世袭制、等级制和加强统治的作用，以"礼"的外衣维护其不平等的人与人"和谐"关系。

"'礼'对建筑的制约，首先表现在建筑类型上，形成一整套建筑系列，而且把这些礼制性建筑摆到建筑活动的首位。"① 这套建筑系列，就是礼制建筑——由"礼"的要求而产生的建筑，即《仪礼》上所需要的建筑物或建筑设置。与封建礼制制约产生的建筑（如宫殿、民居）有所不同的是，礼制建筑是直接服务于礼仪活动，为宣传教化体现等级所需要的祭祀性、纪念性建筑物，包括墓葬、祭殿、坛、庙、明堂等。

"所有礼制建筑的设计都充满象征主义的构想，这是古代追求内容和形式统一的一种基于玄学的表达方式。"② 礼制建筑起源早、延续久、艺术成就高，其地位远高于实用性建筑，这是因为"礼"在建筑类型上形成了一套庞大的礼制性建筑系列。"礼"在儒家的心目中，是维系天地人伦、上下尊卑的宇宙秩序和社会秩序的准则。这种准则深刻地影响了之后的历代统治者。

一 墓葬：慎终追远

中国古代封建社会森严的礼制等级制度，不但体现在"阳世"建筑，如宫殿、民居等，也体现在"阴世"建筑上，如墓葬等。荀子说："礼者，谨于治生死者也。生，人之始也，死，人之终也，终始俱善，人道毕矣，故君子敬始而慎终。终始如一，是君子之道，礼

---

① 侯幼彬：《中国建筑美学》，中国建筑工业出版社 2009 年版，第 153 页。
② 李允鉌：《华夏意匠——中国古典建筑设计原理分析》，天津大学出版社 2005 年版，第 101 页。

义之文也。"① 墓葬，深蕴着中国古代独特的文化内涵："尊祖敬老"和"慎终追远"的孝道观。这种孝道观的物化，就是"礼"对建筑的制约。墓葬建筑，既作为一种"阴世"建筑，又作为一种礼制性建筑，也是封建统治阶级用来制约人的社会地位，达到人与人关系平衡的一种物化工具，是一种对死后世界等级关系的构想。

将死者的尸体或尸体的残余按一定的方式安置，称为"葬"；安置尸体或尸体残余的处所，称为"墓"，两者合称为"墓葬"。按一定规模、一定规格、一定礼仪进行安葬的规定，就是墓葬制度。中国的墓葬制度最能体现中国古代等级制度，等级制度来源于儒家礼制，所以墓葬制度也就受儒家意识影响最大。由于墓葬等级的外在体现，是以"高""多"为贵，所以从进入奴隶社会开始，几乎每个朝代的典章对不同品官和庶人茔地的大小、土坟的高低、墓碑的等级都做了具体的规定，违反就是僭越，以此反映人间秩序的等级逻辑。在封建社会中，皇帝级别最高，死后其陵墓依然享受最高之礼，以显示其绝对权威和至高无上的地位。

"人类在开始进入文明世界之后，首先产生规模最大的建筑物就是陵墓，原因就是奴隶社会的产生，奴隶主的思想存在着生是短暂的，死才是永恒，他们要调动他们可能驱使的力量去为自己建立永恒的世界。"② 由此可见，墓葬的等级制度来自奴隶主乃至封建社会的统治者对生与死的特定意识观念。这种观念，决定了他们尊卑贵贱、厚葬薄葬的行动。作为人类文明开始的标志——埃及金字塔，所体现的就是"死是灵魂的永恒"这种观念。尽管这个时期，中国厚葬之风尚未形成（"葬"，上从"草"，中从"死"，即尸体，下从"廾"，即树枝的象形），《易经》有："古之葬者，厚衣以薪，藏之中野，不

① 《荀子》，安继民译注，中州古籍出版社2008年版，第332页。
② 李允鉌：《华夏意匠——中国古典建筑设计原理分析》，天津大学出版社2005年版，第366页。

封不树。"可见古代葬之简陋：只不过是放在树枝上、草丛里罢了。但后来的墓葬演变和发展证明，中国人一方面受到某些影响，另一方面无师自通地形成了这种灵魂永恒的概念，对于死后灵魂不灭是深信不疑的，这样用"阳世"的权力安排死后的归宿，也就不足为奇了。

进入奴隶社会后，随着阶级、国家的产生，"灵魂永恒"的意识越来越强，这样，规模巨大的陵墓就产生了。墓葬制度随着社会生产力、生产关系和上层建筑的发展而不断演变，显示出一定的规律性。墓葬制度突出地体现了等级关系，尤其经过儒家礼制文化系统的浸染和规范后，等级观念上升到了一个制度、法规的高度，渗透到各个阶层、各个民族和地区，并且逐步成为统治阶级用于平衡各种不平等关系的天理自然和心理暗示，乃至赤裸裸地公开宣扬和"王法"化，以达到人和人关系之稳定从而求得和谐。

商代作为中国青铜时代的鼎盛期，社会生产力空前发展，奴隶主贵族一方面统治着庞大的国家，另一方面对奴隶有着绝对的控制和处置权，他们希望这种权利无限延伸，一直延伸到他们死后的灵魂。为了保证永久的统治和权威，就把这种希望以墓葬的形式表现出来，所以，商代墓葬制度中存在严格的阶级和等级差别，统治者的陵墓规模宏大，以下按级别缩小规模及高度，而平民百姓墓就小得可怜了。

随着考古发掘的进展，发现大量晚商墓葬遗址，如河南偃师县二里头、安阳市小屯、湖北黄陂县盘龙城等，"虽然其间有时间与空间上的区别，就其规模而言，可分大、中、小型三类。其中之大、中型墓葬，多属于商王、王族及诸侯……小型墓葬平面以矩形之土圹竖穴最多……墓主多为低级官吏及庶民……"① 墓葬的级别清晰可见。

商王或诸侯的陵墓，墓室一般呈方形或亚字形竖穴式土坑，四面

---

① 刘述杰主编：《中国古代建筑史》第一卷，建筑工业出版社 2003 年版，第 161 页。

各有墓道。贵族墓中，还有一种“甲字形墓”，规模一般都较中字形墓为小。形状虽然类同，但规模则有很大差别。一般小贵族的墓，面积往往不足10平方米。而平民的墓面积更小，有的甚至不足2平方米。

文献记载，周代的棺椁制度有严格的等级规定。《礼记·檀弓上》：“天子之棺四重：水兕革棺被之，其厚三寸；也棺一；梓棺二。”上公、侯伯子男、大夫，以等差分别为三重（有兕牛皮）、二重、一重。士不重，但用大棺。《礼记·丧大记》：“君，大棺八寸，属六寸，椑四寸；上大夫大棺八寸，属六寸；下大夫，大棺六寸，属四寸；士，棺六寸。”而庶人之棺只准厚四寸，无椁。后世帝王、贵族、士大夫，基本沿用此制。《通典·礼四五》：“周制……君里棺用朱绿，用杂金错；大夫里棺用玄绿，用牛骨鐕；士不绿。”从以上记载可以看出，周代的棺椁制度从棺椁的层数、厚度、颜色等都做了严格的等级规定，从公侯、大夫到庶民，任何人不得超越自己的等级用棺、用椁。如果超越等级乱用，就是罔上，就是越礼，而罔上和越礼在当时是要重罪重罚的。

诸侯、贵族墓的随葬品，仍以各种青铜礼器为主，青铜器主要有两种：“酒器”和“食器”，周和商相比，周酒器减少，食器增多。食器中，鼎和簋是最重要的。它们既放置于宗庙之中用于祭祀，也经常放于棺内或墓室用于随葬，以彰显主人生前的权势地位。尤其是以“鼎”为代表的“礼器”，表达对等级的遵从，对权力的崇拜，对君权神授的迷信，象征了神权与王权合一的威严和对生命的漠视。青铜礼器中鼎和簋，通常成组配套使用。同组中，器物的形制、纹饰相同，仅尺寸按等级递减，形成一个由大到小的序列。根据周礼，天子用九鼎八簋，诸侯用七鼎六簋，卿大夫用五鼎四簋，士用三鼎二簋。所有人都必须严格遵守这一规定，不得僭越。如河南省陕县上村岭虢国墓地中，有一些大型和中型的贵族墓分别随葬七鼎、五鼎、三鼎或一鼎，墓的规模随鼎的减少也依次减小。

在汉代，统治阶层的墓已普遍在地面上筑有坟丘；在坟丘之前，往往设祭祀用的祠堂；在墓前建石阙，并放置人或动物的石雕像在东汉时颇为盛行；同时墓前竖立记述墓主人的死亡日期、家族世系及生平事迹的石碑。而平民则基本无碑或有一个简单的石板而已。实际上是把埋藏在底下的墓葬等级又进一步展现到了地上，使这种礼制观念所形成的等级制度更加彰显和明确。

北魏以来的墓葬制度，经隋、唐，一脉相承。贵族官僚的大墓，大都采用斜坡式墓道，包括一段很长的隧道；隧道顶部开天井，两壁设龛。唐代懿德太子墓有天井7个、壁龛8个，章怀太子墓有天井4个、壁龛6个，正三品司刑太常伯李爽墓有天井3个、壁龛2个，天井和壁龛的多寡基本上与墓主人的官品爵位相一致。这是王侯贵族内部森严的等级划分，而王侯贵族和平民百姓的等级区分更加清晰可见。唐贵族一改隋代以土洞为墓室的做法而多采用砖室，土洞墓已降为低级官吏或平民所用。一般的官僚为单室墓室，二品以上的大官，除主室以外，有时还设前室，成王李仁墓、章怀太子墓及"号墓为陵"的懿德太子墓和永泰公主墓，则都有前后两室。

从以上梳理和分析中可以看出，墓葬中的等级观念主要表现在以下几个方面：其一，棺椁厚薄大小直接决定墓主的身份高低；其二，葬具的数量和精度是决定墓主身前的地位和荣誉；其三，墓式、墓向、墓葬品、墓志是决定墓葬等级的一个标准；其四，墓室大小、数量是决定墓主的身份和地位。它们始终是在封建等级制度套锁下的一种真实形体的展现，也是中国古代和谐文化理念在中国古建筑文化中产生巨大意识形态影响的一个重要组成部分。地上建筑随着自然因素、朝代更迭而消失，墓葬建筑也就成了我们了解古代文化的一个窗口。

中国古代社会墓葬文化中的礼制，深深地受儒家伦理思想的影响，同时，它又深深地影响着后世，成为历代统治者所倚重和利用的仁义礼制思想，并成为总体取向的理论、道德、伦理依据，进而作为行为的准则，影响和指导着国家社会生活的方方面面，就是因为它符合统治者的治国思想，并成为其麻痹人们，达到其让百姓心甘情愿地接受这种不平等制度的心理良药，从而实现其森严等级制度下的社会和谐。

在漫长的封建社会发展和演变中，历代统治者都热衷于建立繁复的礼制作为社会的规矩准绳，并全力推行，从而使中国具有了"礼仪之邦"的美称。其实这种礼仪是要求人们服从统治者的礼仪，使臣民绝对遵守最高统治者的礼仪，这种礼仪必然要渗透并反映到建筑上。建筑本身的结构和形象被人们用政治和人伦规范联系起来，以此表达某种意识形态，并被认为这是天道。因此，建筑等级制度是建筑的"内在"要求，是不可违背的。

历代墓葬从诸多方面体现对"礼"的追求，其不断引经据典，充实详化的礼制规定，使封建等级制度愈加彰显。一般皇帝从驾崩到最后入墓封土，以及其死后各种各样的祭祀活动，其间投入的物力、财力、人力不可估量，其精神实质就是保持皇权永久不灭，这正是封建等级制度在墓葬建筑文化中的各种真实体现，也正是墓葬建筑等级观念长久不衰的根本所在。

二 坛、庙等：敬天尊祖

中国很早就有在郊外设坛来祭祀天地的记载。《周书》曰："设丘兆于南郊，以祀上帝，配以后稷农星，先王皆与食。"意思非常明确，就是向着天祭天，对着地祭地，不能在城内尤其是室内进行，而在郊外修建一个高大的台子——坛，人在上面感觉与天更为接近，更有一种天人合一的象征意义和感觉，所以"坛"这种建筑形式，也就成了中国古代礼制建筑的一种重要类型，它的功能除了祭天以外，还有举行重大仪式庆典的功能。

坛庙是祭祀类带有礼制性的建筑，其精神文化意味丰富而葱郁，其文化意义首先表现为崇拜加审美的双重内涵。坛庙建筑必然是那种在空间安排、造型等方面能够激起崇拜感，通过建筑符号，加强建筑形象的神圣与尊严。

坛和庙在形制上有所区别，在崇拜对象上，坛大都是自然崇拜，比如，对天的崇拜，对地的崇拜，汉初所祭的白、青、黄、赤、黑以及汉武帝所祭的太一等；而庙所祭的是祖宗、著名历史人物，或城隍、火神祝融、龙王等，被神话了的历史人物，如关帝、历代帝王、岳飞等。因而坛和庙在形制上的区别就更加明显：坛是露祭之所，露祭又称望祭，是在圆形或方形的露天地面筑一平台，这就是"坛"；而有房屋建筑，在室内祭祀的，形制和佛、道、寺观相似的就是"庙"，庙也可称为"祠"，而庙、祠还有一个功能，就是祭祀本族祖先，其建筑主要特征是规制严谨，规整对称，层层深入，步步升高。

从坛、庙建筑的诸多特点可以看出，古人在意识深处是把天、地、人、建筑等紧密联系在一起的，是把人间皇帝和天上之帝，还有土谷之神对应在一起的，或借助上古传说，比如，先农坛所祭神农氏，道教所奉玉皇大帝，一并拜祭。玉皇大帝是天的人格化，神农氏是地的人格化，还有象征为皇后亲饲蚕桑的先蚕坛，所供奉的是蚕神娘娘，都反映出古人天、地、人和谐共生的理念。

而坛庙共同的作用是一方面宣扬天命观，按照人们封建等级制的模式，把自然人格化；作为祭祀性的礼制建筑，这种"礼"通过一系列建筑制度来反映政治伦理观念，反映天人之间的伦理等级，天高高在上，帝王跪伏于下；同时还反映君臣、君和百姓之间的等级伦理，在人间，帝王为至尊，臣民跪伏其下。而这一切，就通过坛、庙的形制以及在这种形制中所举行的仪式表现出来。另一方面，它也是维系封建制度的另一纽带，也就是血缘宗族关系的表现，那就是祈求人之血缘生命的延续和发达与教化的昌盛，这就是自古一脉相承的宗庙制度。皇族在京城立庙，各郡县在自己的封地立庙，一般官宦家族也在自己的住宅设庙以祭，平民则去风水吉利之地建祠堂，这种从帝王太庙到平民祠堂的坛庙建筑，主要就是祈求国运昌明，子裔传承，血缘宗族发达。庙本身，也具有了等级性，如《礼记·王制》："天子七庙，三昭三穆，与太祖之庙而七。诸侯五庙，二昭二穆，与太祖之庙而五。大夫三庙，一昭一穆，与大祖之庙而三。士一庙。庶人祭于寝。"庶民百姓，按礼制不够建庙的级别，只能四时"祭于寝"。可见"庙"也是封建等级制度的载体。

　　坛、庙是特殊类型的建筑。"坛"是指平地以土堆积的高台，是上古初民为崇天、祭天而产生的一种建筑样式。古人认为天神在上，登高祭祀可以亲近；"庙"是最早供祀祖宗的屋宇；明堂既是祭祀类纪念性建筑物，又是天子宣明政教之所；祠庙按自然神与人物神崇拜，可分为两种，自然神崇拜所供奉的是五岳之神、四海之神、火神、龙王等；人物神崇拜大多是被神化了的历史人物，如孔庙、关帝庙、四川武侯祠庙等。以上大致归于坛庙之列。他们尽管祭祀的对象略有不同，但主要文化指向和崇拜意义是一致的，那就是富有精神文化意味的祭祀性礼制建筑，因此他们的建筑布局大多有相似之处，当然，在等级森严的封建社会里，他们的规模、大小有所不同。不管祭祀的是天地还是祖宗、自然神还是人物神，都透露出一种强烈的信念，那就是祈望大地、上天、山川、大海诸神的庇佑，表达对天地、日月、山川等的仰慕、敬重和崇拜，传达一种亲近自然、天人合一的信号，归根结底，希冀人与自然和谐共处。

　　"坛"既为祭祀性的礼制建筑，自然重"礼"，这种"礼"要通过一系列建筑制度和祭祀仪式反映出来，通过布局的设计表现天上、人间、人与自然的接近与和谐。为了突出庙坛建筑形象的神圣庄严，坛庙的空间造型经常采用中轴线对称之法，这和北京故宫的建筑理念是一致的，北京天坛平面纵向对称，自南向北在一条中轴线上排列着圜丘、皇穹宇与祈年殿，中轴对称，布局严谨，充分显示坛庙的庄严肃穆。

总而言之，基于"礼"的需要而形成的建筑等级制度，对中国古代各类建筑都有着广泛而深远的影响，这种影响，大致可以归纳为以下几个方面：第一，把中国古代建筑高度程式化，从古建筑布局、规模组成、内部构造甚至细部装饰都纳入等级之列，在体现严密等级制度的同时，也形成了固定的形制，这种形制，使中国古代整个建筑体系系统化、规范化，从而客观上保持了建筑体系发展的持续性、独特性、统一性，保证了中国古代建筑按照一定规范的标准水平发展，从而形成了中国古建筑的独特特征和持久流传，这是其积极意义所在。第二，拓展了建筑的功能，中国古代建筑类型的形制化附加了意识形态和象征意义，从某种意义上说，中国古建筑突出的不是它的功能特色，而是它的等级意义，换句话说，其社会警示和教化作用高于其建筑本身的功能。第三，由于过分强调其形制，过分程式化、等级化，也就很难创新，而成为建筑发展的枷锁，结果是严重束缚了建筑设计和技术的革新，阻滞了中国建筑体系的快速发展。尽管如此，瑕不掩瑜，这种在礼制浸润下的中国古建筑，固然有这样那样的不足，但其凸显出来的"和谐"理念，仍然成为世界建筑文化中最具特色的财富；它形象化地体现了中国人"和"的意识，成为中国传统文化最好的物化表现形式。"基于礼的需要而形成的建筑等级制度，是中国古代建筑的独特现象。"①

由于中国农业社会的长期延续，中国封建社会在缓慢的发展中沉淀了更多的宗法文化心理。千百年来，我们朴实的先民总是怀着虔诚的心理敬畏"受命于天"的统治者，服从能决定他们命运的宗族长，

---

① 项岩松：《浅谈礼制对中国古建筑的影响》，《山西建筑》2009 年第 11 期。

并服从为封建宗法制度提供理论基础的伦理学家们。这样，在建筑上他们甚至是下意识地自觉遵从了某些"礼"的约束和要求。众所周知，宗法制度是中国传统社会的一套始终维护和持续不断的以血缘关系为纽带、以等级关系为特征的社会政治和文化制度，而这种制度，之所以能够长期渗透在各阶层人们的内心，是和既被封建统治者所推崇，又被平民百姓所接受的儒教文化有着直接关系的，比如，以孔子为代表的儒教所奉行的"礼""仁""义"，就有着很大的迷惑性，当然，不能说孔子是处心积虑地要迷惑百姓，因为，孔子社会理想的初衷是善良而美好的，他希望有一个和谐、安宁的社会秩序和团结互爱的人际关系，但受时代的局限，我们不能苛求两千五百年前的思想家有着今天的现代意识，问题是他的这种理想和主张，被具有社会控制权的统治者充分利用。因此，儒家及后来的传人一步步把这种理想和理念加以完善并逐步成了统治阶级麻痹人们的思想武器的时候，这种不平等的和谐理念就完成了自己的体系。特别是汉以后，因为"罢黜百家，独尊儒术"，维护以"君君、臣臣、父父、子子"的等级制，变成为维护宗法理论社会的主要依托，也成了礼制、礼教的主要职能。在这种情况下，等级观念渗透在人们的潜意识形态里，也就不足为奇了。

理性和秩序为中心的儒家思想逐渐成熟，到封建社会的晚期明清时代，已经在我国的文化领域处于绝对的领导地位，其进一步成熟的标志是封建统治者将理性和秩序浓缩为"规范"二字，以求得封建社会的长治久安和适应封建社会的稳定和发展。这种以理性和秩序为内核的"规范"，在仁、礼的外在形式表现下，像一个有一定活动空间的笼子，将人的活动束缚其中，使每一个社会个体的生活和活动下意识地自觉接受社会的制约，换句话说，就是个人要以社会的需要和取舍为标准，不能违背和超越，否则就是违背伦理，就是大逆不道。而这种外在强制性规范，融化为内在的自觉要求，使得社会个体总是不断地检查和反省自己，调整自己与社会需求之间的差距，遇到个人和社会发生冲突时，总是自责、妥协、退让，使得这种规范既成了束缚人生的框架，又成了支撑人生的支柱。这种重视以社会为本位的整体主义精神，在伦理观上，就是强调群体意识，注重整体秩序，在既有的人伦秩序中安守本分，维护和谐，主张个体要以群体大局为最高价值取向，让每一个社会个体都感觉到社会要求的崇高和伟大，个人渺小卑微，而自觉地去对这种礼仪顶礼膜拜，同时满怀着希望等待和无奈，努力奉献着自身的一切，代代相传。这种对群体意识的过分强化，作为传统伦理的价值观，对维护整体和谐，确实有其合理的内容和促进和谐的作用，但对群体规范的过分强化，也往往忽视个体的存在价值，阻碍个性发展，压抑人的创造性，限制了主体意识的张扬。

意识决定形态，理念指导行动。作为意识理念的物化形式，中国古建筑也就不可避免地打上了森严的等级制度火红的烙印。不平等的和谐也是一种和谐，封建统治者自然欢迎这种和谐，平民百姓内心也盼望着和谐，再加上思想家怀着使人与人和睦相处、和平协调的美好理想，灌输和宣扬这种和谐，所以在社会的各个层面上、各种活动中、各阶层的人与人当中，就自然而然地成了这一体系的拥护者和实施者。

封建社会几千年的礼制教育和伦理教化，一方面成就了统治阶级倡导的不平等等级制度下人与人关系的和谐，另一方面也从客观上阻滞了人们思想的进步和发展，这里有统治阶级的专制，还有封建社会的思想家推波助澜，但他们的初衷是实现自己意志下的"和谐"和社会理想下的"和谐"，而作为物质形态和文化现象的民居建筑，作为最能承载某种理念的"凝固的音乐"和"石头的史书"，理所当然地成为维护社会秩序的有效工具之一。回顾中国古建筑千百年来记载的建筑文化和历史，不难看出，古人从不同角度所展现的和谐理念尽管有着不同的目的，但有一点，无法否认，由于中国传统文化的巨大影响和文化的深厚沉淀，崇"和"、尚"和"、贵"和"、求"和"的基本目标是一致的，正所谓殊途同归。而这种思想，至今还影响着我们的民族、我们的国家，成为我们宝贵的传统文化、传统建筑文化的遗产。

第四章

融汇升华的建筑理想理念——
人自身的和谐关系

在中国传统文化中，包括道教宫观在内的宗教建筑文化，曾经灿烂于历史。土生土长的道教，堪称中国国教。对于中国古代思想之影响，源远流长。但是从印度传入中土的佛教，后来者居上，在一段时期内，和我国文化发生密切关系，以至于后来很长一段时间内，中华大地上，道、佛、儒三教并行，其中儒教还不是真正意义上的宗教。宗教影响传统文化，传统文化影响建筑，再加上历代有时候尊佛依道，有时候反之。尽管这样，三大教以其强大的思想影响力，风行至今，也就留下了带有明显的宗教特色、时代特色的宗教建筑。

宗教建筑是有灵魂的，其崇高和完美往往使人感觉到一种强大的精神力量，这种力量就是宗教空间的感召力。宗教建筑经过数千年的发展演变，其分布也遍布世界，与各个国家的民族建筑相融合，逐步形成富有特色、相对固定的形制。

人自身的和谐，即人的身心平衡、灵与肉的平衡、理想与现实的平衡。中国传统文化中的和谐理念在不同的宗教、流派中有不同的侧重点。道教隐居高山大川，潜心修炼，远离世俗，取山水之灵气，汲日月之精华，修人身心之宁静，在人与自然的相处中，求得清静无为，侧重于人与自然关系的和谐。儒家主张积极入世，讲究修身、齐家、治国、平天下，为了实现这一理想，儒家建立了一整套治理国家的伦理、道德、礼乐等典章制度，他们热心于把自己的治国理念以及和谐理想，运用于实践，孔子曰："当今之世，如欲平治天下，舍我其谁乎？"可见，他们治理国家、和谐民众的参与感是何等强烈。作为中国本土文化，他们表现形式不同，意识指向不同，但求安宁、求和谐的根本理念是相通的。归纳起来，大致可以这样认为，道教文化侧重于从人与自然的和谐关系中，融入自己的观念和理想，儒家则从人和人的和谐关系中凸显自己的观念和理想，两者更多地把他们的理念有形地表现出来，而这种表现，自然就体现在建筑文化中、建筑物化中，而外在的和谐，更依赖于内在的和谐，那么佛教文化的传入，特别是佛教文化和儒家文化、道家文化从相悖到融合的过程中，产生了更为深刻的内在的和谐，那就是人自身的和谐。

　　佛教是世界三大宗教之一，产生于公元前6—5世纪的古印度，创始人是释迦牟尼。从时间上看，略早于孔子，大约在东汉时期传入中国。佛教的基本理念认为："人生是苦"，基本教义是宣传五蕴、四谛、十二因缘等出世哲学，和儒家入世哲学恰成鲜明对照。佛教讲究业感缘起论，认为今生所受果报是由前世所造罪业，这种典型的因果报应观，告诉人们苦乐都是自己前生造就的，佛教否定一个能主宰命运的神，所以人生在世，要积极忏悔、业障，以改造命运，超脱烦恼。佛教的宗旨在于，重视人自我精神的超越，讲求生死轮回，认为积极地修佛，则有益于脱离人生苦海，即修得正果而出世。佛的境界更注重于禅定、静心，终极思想是达到本质，修心性，达到无思、无想、无欲、无虑、无自我的佛境。不管是静心、明悟还是四禅八定、住寂静，都是为脱去自我，达到所谓佛性的本性境界，不受思虑欲望的干扰，其本质就是达到自己内心的平静和安宁。这是传入中国前的原始佛教追求。这种追求，认为在现实中，一切都是苦海，人们无能为力，只能忍受，忍受就要放弃欲望，追求超脱生死轮回的苦海，而进入所谓的极乐世界，所以主张舍弃对现实物质的追求，注重精神修持和对来世的向往。

儒家继承传统的原始宗教的天命观，认为天是人世间的主宰者和人格神，并且重视人生、赞美人生、重视社会组织及人与人关系等事情，对于人的价值，则主张"自乐其乐，乐知天明"，以积极入世的态度体现人生价值。孔子认为，应该顺从天命而积极努力，不应消极服从天命安排而放弃自己的努力，因此就要"多学、多闻、多见、多思"，他说："盖有不知而作之者，我无是也。多闻，择其善者而从之，多见而识之，知之次也。"因此他教导人们"学而时习之"，并且要反复地学，虚心地学，"温故而知新"，目的就是学得知识、探究真理、探讨天命之运行规律，为入世打下基础，做好准备，同时为了治理国家，求得和谐，就要掌握平衡的道德规范、理念体系，那就是"仁"和"礼"，到了孟子，又把这种道德规范，概括为五种，即"仁""义""礼""智""信"，并且进一步发展了孔子的"仁"，认为，如果人人讲"仁"，天下稳定和秩序，就有了可靠保证。儒家的思想学说，从孔子到孟子、荀子以至后来的董仲舒，一步一步地继承、发展、完善，已成为中华民族的道德意识、精神生活和传统习俗的准则。

道教是汉民族的土生教，对中国的历史、文化甚至医学等的发展，都有重大影响，和儒家相似的是，道教也主张对现实生活的追求。道教的创始人严格地说不是老子，它的前身是有着近万年历史的巫教。早期的道教内容芜杂，甚至有修仙、祈福、符箓之类的东西，道教也有善恶报应之说，但认为善恶报应应有后人来承担，道教重在于"悟"，"悟"自然本身即修仙悟道，与自然达到和谐统一，"悟"众生，"悟"天地，道教还认为，清净是道的根本，天地万物只有在清净的状态中，"道"才会来居。道教的最终目标是，通过身心修炼，健康长寿，达到住世安乐，与道合真，世界大同的神仙世界，其根本也是注重"现世",即"入世"。

从三教关系来看,佛教和道家有较多的相似点:佛教的"空"和道教的"无";佛教的"修"和道教的"悟";佛教的"空"即是色,"色"即是"空"和道教的清净为宗,虚无为体。实际上,佛教进入中国,得益于道家的接引,后来佛教教义的中国化,与道教理论的进一步发展是佛、道相争、相融的结果。可以看出,佛教进入中国之后,已经深深地印上了道教的某些烙印。佛教和儒家,本来是相悖的,佛教的出世和儒家的入世,有着根本的方向性的不同,但在千百年的相争中,佛教既对中国传统文化产生了深刻的影响,也逐步吸收和融合了儒家的一些观点,佛教在中国的传播过程中,既保持自身特质,也深受儒家观点影响,其最明显的妥协表现就是:关于出世和入世的理念。原始的佛教是重"出世"的,除了有"出世"的理论道德体系外,更有"出世脱俗"的思想。而儒家是重"入世",为了生存和战胜自然,就要结成一定的社会组织——群,就要维持一定的等级秩序——分,这就要求有"礼"、有"德",就要求重视后天的学习和积累,达到圣人境界,实现治国平天下的"入世"理想。而佛教和儒家思想相融合后的结果是:以出世的态度做入世的事情——这便成了佛教与中国传统文化相结合的典范理论,也成了佛教中国化的明显特征。

佛教中国化以后,和道教注重人与自然和谐、儒家注重人与人和谐相比,佛教的教义以及修行观,衍生出新的和谐理念,其中国化"深受中国'天人合一'传统哲学及其文化思想的影响。倘以佛、佛国、佛性为'天',以信徒、社会人生、人性为'人',则佛与信徒、佛国与现实、佛性与人性等渐趋合一。即佛国与现实,佛与信徒,佛性与人性渐趋合一"。[①] ——人间与佛国、此岸与彼岸、人性与佛性

---

　　① 　白晨曦:《天人合一:从哲学到建筑——基于传统哲学观的中国建筑文化研究》,博士学位论文,中国社会科学院,2003 年,第 80 页。

可以"同一",灵与肉、身与心、理想与现实渐趋统一,人的身心达到了平衡和谐。这种理念不可避免地反映在建筑形式上,逐渐演变成中国佛教寺院的格局,由原来的塔形建筑变为后来的佛寺,由佛塔到佛寺的衍变,证明佛教建筑由原来的专供修炼居住单一的塔式到后来的结合儒教的庙、道教的观等特征的功能多样的寺院格局,这种建筑形式充分体现出佛教的世俗化及佛教建筑形态向中国传统建筑形态的模式转化。而这种世俗化的佛教建筑,在中国传统建筑形态中"安家落户",开了中国宗教建筑的先河,也就是外来佛教与中国传统观念形态融为一体的物化象征。

历史建筑的设计理念经过时间的洗礼,总能给人以现实的启迪,同时也留下了其辉煌印记——尽管历经沧桑依然显得璀璨绚丽。从佛教传入中国到佛教建筑的兴起 600 多年的时间里,佛教与中国传统文化融合、互动,无一不体现在具有中国传统文化特色的佛教建筑上。"应该说自佛教输入后中国才产生真正的正式的宗教建筑,洛阳白马寺是见于记载首创的第一座佛寺。"① 隋文帝统一中国之后,又开始了全国性的佛教复兴活动。修立佛寺成为通过行政命令方式,由国家各级政府机构督办的一项公务。中国佛教被中国古代哲学家消化和吸收,既丰富了中国古代文化的观念形态,也使佛教在中国被广泛认可,最终形成了儒、道、释三足鼎立,三教合流,至宋代,有人提出"以佛修心、以道养心、以儒治世"的口号,这种中国文化大一统的基本精神,又都在建筑形态中得到了形象化的表述,尤其是佛教建筑由塔变寺后,其选址、布局、形制等诸方面都体现了佛教意蕴的中国化、世俗化,求得人自身和谐的一种物化表象。

由于佛教体系的精深与博大,佛教影响的广泛与源远,佛教思想

---

① 李允鉌:《华夏意匠——中国古典建筑设计原理分析》,天津大学出版社 2005 年版,第 106 页。

异乎寻常的渗透力和浸润性必然影响到作为物质化、形态化的佛教建筑，使其亦异常繁复多彩。当佛教步入中国，佛教建筑向着中国化、世俗化迈进的过程中，其建筑形制亦不断地变更着原有面貌，其原本丰富的内涵得以进一步拓展。原始的印度佛教作为一种特殊的文化系统，其"四大皆空"表明其物质表形追求比较松散，但求精神的真谛（苦谛、集谛、灭谛、道谛），即人生来就是受苦的，最高境界就是涅槃。通俗地说，人来到这个世界，就是忍受苦难，潜心修行，求得涅槃，求得转世脱离苦海，一生追求的目标就是出世。传入中国后，受中国传统文化影响，尤其是在和儒，道两教斗争共存中，互相排斥，又互相融合，进而逐步形成了适应中国"水土"的宗教内涵，其基本精神是：以出世的精神过入世的生活，求得灵与肉、心与身、精神与物质、理想与现实的一种平衡关系。因此本土化的佛教建筑在中国有了三种新的形制：佛寺、佛塔和石窟，既丰富了佛教建筑的体系，也丰富了中国的建筑体系。

第一节 佛寺的体现

佛教自传入中国以来，随着朝代的更迭，几度兴衰，至唐高宗李治时，佛教大盛，天下广建佛寺，劳民伤财，以至于引起士人的不满和揶揄，从杜牧诗："南朝四百八十寺，多少楼台烟雨中。"可见当时寺之兴盛。寺院，是佛教进行宗教活动的主要场所。中国的佛教寺院，在漫长的历史进程中，逐渐形成了自己独有的结构特色。

一 选址

印度的传统佛寺，中心设佛塔，周围布置僧房，传入中国后，演变为早期的佛塔为中心的廊院式寺庙，这也是中国最基本的也是最早的佛寺建筑形制，主要是在塔庙制度的影响下而产生的。所谓廊院式，就是以一座佛殿或一座佛塔为中心，四周绕以廊屋，形成独立的院落，大的寺院可以由多个院落组成。这种形制，是受到当时印度佛寺样式的影响，与中国传统官署建筑相结合而形成的。这种院落式形制，一步一步发展成以"院"为构成单元，一个独立的院落，构成一个独立的小型建筑群，院落与院落再组合成中型或大型的建筑群的庭院式结构。"寺中之园，正是古代中国佛教文化中的一种典型的世俗语言。"① 从其功能可以看出，佛教建筑由轮回出世向现实入世的演变倾向：第一，场所调试功能。庭院作为主殿屋的延伸和放大，成为组群内部渗透自然、引入自然的场所，具有调试自然生态和点缀自然景观的潜能；第二，审美、怡乐功能。庭院式形制自然形成建筑组群平面铺展的格局，使建筑形态、内向品格和艺术表现有机交融，表现出其审美上的独特意蕴；第三，伦理礼仪功能。庭院式形制从某种意义上与世俗中家族聚居的家庭结构相适应，几何形的空间秩序与现实社会中的伦理道德秩序形成同构对应现象，通过正殿与配殿，外院与内院，前庭与后庭等空间的主从划分，构成礼仪上的尊卑上下等礼仪，在一定程度上契合了儒家礼制，严格区分了贵贱、长幼、嫡庶等一整套伦理秩序。总之，庭院式形制的功能，使佛教徒在潜心修行，求得涅槃，求得转世脱离苦海，求得出世的同时，也享受现世幽美的自然生态、自然景观、建筑美感所给予的愉悦及感悟现实社会中的世俗伦理。

汉末至南北朝时，有些人因获罪被官府抄家没产，充宅为寺；有的人带家宅、财务出家为僧；有些显贵为祈福消灾，把自己的宅邸捐给寺院，"朝士死者，其家多舍居宅，以施僧尼，京邑第宅，略为寺矣"。② 这就是有名的"舍宅为寺"之风。佛寺之多，不胜枚举，仅

---

① 沈福煦：《人与建筑》，学林出版社1989年版，第97页。
② 许嘉璐主编：《二十四史全译之魏书·卷一百一十四·志第二十》，汉语大辞典出版社2004年版，第2462页。

北魏这一个时期，佛寺达 3 万多座，但是其中的大多数都是舍宅为寺的。这固然是因为佛教盛行，但客观上也加快了佛教世俗化的进程，"'宅'变'寺'，也就是尘俗之间的建筑形式失去了界限"。①

另外，佛寺的门向和丰富的外部入口空间也体现了佛教建筑的世俗化。如《普陀洛迦新志》卷五"梵刹门第五"，黄应雄撰"重建普陀前后两寺记"中描述的浙江普陀法雨寺："旧入寺者，路从西，地家谓生气东旺，故改于东首，建高阁三间，供天后像，凭栏一望，海天万里……"再如浙江天台山国清寺，与普陀法雨寺颇有异曲同工之妙，同样将寺门偏向东南，不过这里的做法是因为祥云峰较高，故而将门侧偏。这种改变门向的做法确实能够使建筑群体与自然相融，并且暗合中国风水学理论。风水观念中，"气"是很重要的，"气"要通畅；"气"为生机所在，"气"通则迎生就旺，所以门向与气口关系密切，为了迎合这一点，佛寺大门总是要朝向气口。气口是指寺院前方群山开口处或低凹处，按照风水学理念，寺院最常用的方法就是通过门向的偏转与这一开口处相对。如安徽九华山古拜经台寺，背倚天台峰，左鹰峰，右金龟峰，前对现青峰，四面环山，只在观音峰与金龟峰之间有一狭窄的谷口，因受地势限制，该寺平面狭长且朝向无法正对此谷口，这时便依照"风水"做法将寺门偏斜朝向这一谷口（气口）。这种扭转门向的做法，使建筑、自然、人协调的同时，无疑为众山所围的僧人们提供了一个可以赏景的立足点，并从这种开阔中得到无穷的启示，现世的美景尽收眼底，修行求得出世的同时，感觉到了人的力量和美的享受，有了入世的启发，理想与现实、心与身有了很好的契合点。

中国传统文化中给予佛教影响较深的是道家的风水理论。风水学

---

① 李允鉌：《华夏意匠——中国古典建筑设计原理分析》，天津大学出版社 2005 年版，第 109 页。

作为中国传统文化的一部分，源远流长，根深蒂固，且深入人心，必然对佛教中国化产生重要影响，并且佛教中的因果报应、轮回转世等思想与风水学的荫庇思想有很大的共融性，且相得益彰，自然很容易融为一体，人的心灵也容易得到慰藉，且与现实的自然胜景互为表里、平衡相依，身与心得以宁静并升华到佛教理想的境界。

《礼记·祭法》记载："山林川谷丘陵，能出云，为风雨。见怪物，皆曰神。"佛教利用了这种传统的自然崇拜，并深受风水学的影响，在选址上既秉承佛教教义，又注重实现佛教思想的物化，一般遵循两个原则：一是选择政治经济文化中心，为广泛传播佛法，扩大自身影响，这类人口集中的地方，自然是首选；二是选择名山大川，将自身藏匿于自然景观之中，且这些地方山清水秀，风水氤氲，环境幽雅，有一种神秘、肃穆的感觉。蜿蜒起伏的山峦不仅能给人以壮美舒畅之感，还具有将人文隐迹于自然，修炼净心的功用，选择名山大川，深邃静悠，既能体现出佛教对自然的眷恋与依赖的心理，又能体现出山脉对佛寺的屏蔽与遮挡作用。国人自古就有以川为神并加以崇拜的传统。奇妙的山峰往往是某种神灵的化身，古代关于名山大川，高峰险谷隐仙、拟人化的传说比比皆是。佛教就是以这种潜意识的理念和明确的暗示，运用这种传统的自然崇拜，在名山大川中大兴土木，修建佛寺，天长日久，就有"天下名山僧占多"的格局存在。

另外，佛寺建在环境幽雅、世人景仰的名山之上，还有一个原因，就是名山上有好的风水发脉，可以形成山形磅礴，环抱灵气之地。

佛寺在山势地形的选择上，也颇有讲究。大多选择在半山腰，依山就势；或坐落于山峰顶部的制高点、转折点、空白点；或依傍悬崖峭壁，形成陡峻庄严之势，"虽为小筑、却成大观"，形成"一山抱一寺，一寺镇一山"的格局。佛寺善于借景成景，巧用峰、岭、台、凹等地形，使建筑与自然相协调。寺因山而得神势，即"借势"，山借佛寺而扬名，即"造势"。佛教建筑追求风水学的理想模式，充分吸收其寻龙、察砂、观水、点穴、朝向等要素，枕山、环水、面屏，自成一体，又与周围景致浑然天成，和谐相生。

作为中国四大佛寺之一的山东济南灵岩寺，就是按照这样的设计理念发展起来的。它地处泰山北麓，深藏于灵岩山的崇山峻岭之中。明代著名文学家王世贞曾说："灵岩寺为泰山背最幽绝处，游泰山而不至灵岩，不成游也。"其选址突出了中国传统文化影响下的佛教意蕴。灵岩寺，位于山东济南灵岩山之阳，寺因山而得名。灵岩山主峰四壁峭立且呈方形，故名"方山"。又形似"印符"，亦称"玉符山"。群山环抱，重峦叠嶂：北有宝山、黄尖山，东为灵辟峰、朗公山、棋子岭，南是黄岘山、明孔山、如来顶，西乃鸡鸣山等。北魏孝明帝正光元年（520 年），法定禅师先建寺于方山之阴，曰"神宝寺"，后建寺于方山之阳，曰"灵岩寺"。灵岩寺居群山环抱中，重峦叠嶂。如此选址，从某种意义上说最能反映中国人的理想环境模式，因为这类建筑的选址受现实生活功利性的制约较小，且多发生在自然环境中，具有很大的自由度和选择域。无论是寺庙或陵墓的环境，"风水说"都始终强调这样一个整体环境模式："左青龙，右白虎，前朱雀，后玄武。"这一模式的理想状态是《葬书》所说的"玄武垂头，朱雀翔舞，青龙蜿蜒，白虎驯俯"。即建筑选址应在山脉止落之处，背倚山峰，面临平原，水流屈曲，入收八方之"生气"；左右护山绕抢，前有秀峰相迎。灵岩寺前有黄岘山、明孔山、如来顶，即风水中的案山和朝山，是朱雀；后有宝山、黄尖山，即风水中的祖山，少祖山和主山，是玄武；东为灵辟峰、朗公山、棋子岭——是风水中的青龙，西乃鸡鸣山——是风水中的白虎。千佛殿东侧崖壁下的卓锡泉、白鹤泉、双鹤泉，三泉相临，俗称"五步三泉"；寺院东北不远处，有"灵岩第一泉"之称的甘露泉；转轮藏遗址东侧崖壁下，有名列金《名泉碑》的袈裟泉。寺院西南数里处，檀抱泉因泉旁长有千年青檀树而得名，它南依大山，北临村落，檀因泉润，泉因檀名，泉水旺涌，终年不息，为灵岩村民生产、生活主要水源地。泉水相绕，与寺院形成合抱之势。《水龙经》中说："穴虽在山，祸福在水。"水为生气之源，山之灵气之本。环水，枕山，植被茂盛，左右围护的封闭地理空间——这种地理格局既能挡寒风，又能接纳阳光和凉风，四周山丘可以提供木材燃料，流水又能保持交通和生活农业用水，形成适宜的小气候，给人一种幽雅舒适、心旷神怡的感觉。

"仁者乐山，智者乐水"，灵岩寺的审美意象，不可避免地渗透着被古人看得既神圣又神秘的所谓风水之术。中国古代建筑受风水影响最大的就是追求一个适宜的大地气场，即对人的生长发育最为有利的外环境。这个环境要山清水秀，朝阳避风。因为有山便有"骨"，有水便能"活"，山水相匹，相得益彰。所以，几乎所有环境均讲究山水相配，并按照一定的空间结构进行组合。

而水是这种组合的不可缺少的要素，不管是俗家建筑，还是宗教建筑，它们都遵循了一个最基本的理念，那就是有水则灵，有水则盛，有水则旺，有水则植被繁茂，生机勃勃，而置于水边的建筑，也就有了生气。环水，枕山，左右围护的封闭地理空间：既能挡寒风，又能接纳阳光，还可以提供建筑木材，生活燃料；流水既能保持交通又可以提供生活和农业用水，形成适宜的小气候，给人一种幽雅舒适、心旷神怡的感觉。

灵岩寺巧用山岭地形而兼借名泉布局，依山就势、选址山腰，颇具匠心，整体建筑群落与外围环境浑然天成，自然和谐。虽为小筑，却成大观。选址理念囊括周围多层次天成环境，暗合传统万物一体。这种选址尽管有着明显的风水学痕迹，但其根本却是体现了佛教禅定、静心，既有本我、空无、超世、脱俗的出世思想，又有与自然和谐、找回本性、置身于灵山秀水之间的世俗化入世精神。

以上选址理念可以从以下几个方面体现：其一，山体峻美，重峦叠嶂，寺院静落其中，远离喧嚣，佛事禅务不被俗世所扰。其二，佛寺左、右、后三侧均有自然山头，成就寺院坐落的理想状态。灵岩寺居群山环抱中，与自然浑然天成。从某种意义上说既能反映中国人的理想环境模式，又能表现人与空间的和谐，心灵与自然契合的象征意义。其三，佛教徒在修行的过程中，既能感悟佛、佛国、佛性等彼岸憧憬，又能领略现实中的大好自然，青山、绿水、风轻、雨柔、阳光和煦的此岸风景。

灵岩寺依山傍水是其天然的滋养物念，存乎其心，依乎自然，在建筑与人类生活之间建立起自然、内在的联系：既弥补了有限的内部空间在功能上的局限，使自然空间成为内部空间的自然延伸；又把建筑与自然联系起来，使得建筑不只是单纯的人工的封闭空间，而且是一种优雅舒适的人类理想的居住模式。无论是从内涵还是外延，都充分体现了人和自然的相辅相成和谐共处，特别是体现了中国传统文化影响下佛教理念中人自身即身与心的平衡关系。

二　布局

印度佛教建筑的原型是窣堵坡，用于供奉和安置佛祖及圣僧的遗骨（舍利）、经文和法物，外形是一座圆冢的样子，其实是坟墓的形式。公元前 3 世纪时流行于印度孔雀王朝，是当时重要的建筑。以"诸法无我""诸行无常""四大皆空""圆成涅槃"为基本教义的佛教到了中国，与中国传统文化，特别是儒家礼制交汇互融，产生了"佛寺"这种形式，这也是佛教建筑本土化的标志。"寺"本来是汉代官方机构，比如作为法院、监狱机构的"大理寺"，作为祭祀礼乐场所的"太常寺"等，据《汉书·元帝纪》："凡府廷所在，皆谓之寺。"《大宋僧史略》卷上"创造伽蓝"："寺者，释名曰寺，嗣也。治事者相嗣续于其内也。本是司名。西僧乍来，权止公司。移入别居，不忘其本，还标寺号。僧寺之名始于此也。"可见寺原为中央与地方的政事机关，招待诸侯及四方边民之所。后因西域僧东来，久而移居他处时，其所住处仍标寺号，遂称僧侣的居所为寺。印度佛教入境随俗改"墓"为"寺"，其布局与儒教的孔庙、道教的宫观及非宗教的宫殿、衙署、住宅等极为类似，以多进院落式空间组成。主要建筑如山门、天王殿、大雄宝殿、藏经楼等呈多进中轴线布局形式，其"井井有条，重重叠叠的空间序列，仿佛是冷峻之理性精神在东方大地上留下的轨迹"。① 这种严谨的"中轴"对称性，代表了一种强烈而清醒的世俗理性精神。而恰恰是这种理性精神，使佛教"超凡脱俗"的出世理念具有了一定的现实基础，从而表达了中国佛教建筑的严肃伦理精神——"达理"与"通情"的融合，身与心的平衡。

我国佛教寺庙的布局，大致可以分为受道家风水学影响和受儒家礼制影响两大类。其中受风水学影响的又分为世俗部分和神性部分；受儒教礼制影响的佛寺又大致分为以佛塔为轴心、以神殿为轴心和塔、殿共轴等三类。

受地理风水影响佛寺的世俗部分："安灶与俗家作灶同，监斋司不可朝内逆供，须奉祖为吉，如逆供主有口舌，出入忤逆……"可以看出，寺院中的安灶与世俗民居的要求完全重合，其根本原因是佛教建筑的世俗化，更是外来宗教的本土化的标志。

尽管佛教恃其无上的神性对风水学不屑一顾，但事实上，风水学的理念却深入其骨髓。这里一方面是因为佛教自身要克服其水土不服的不足，更因为风水学理念顽固地干预寺院布置，这样两者不可避免地相融交汇。据《虞山藏海寺志》卷下"法统三"记载："寺院又为护法山，或有竹木高墙尤为得宜，一切寺观庵宇以大殿为主，大殿要高，前后左右要低，如后殿高于大殿者，为之欺主……殿内法象以佛相为主，故佛相宜大，护法菩萨相宜小，若佛相小亦为欺主。"可

---

① 王振复：《建筑美学笔记》，百花文艺出版社 2005 年版，第 130 页。

见，寺院的神性部分受风水学影响更深，这种提倡佛殿为主，体量高大的做法表明佛寺中佛殿的地位日益突出。

因此，风水学影响下的佛教寺院的两部分——世俗部分和神性部分，共踞整个寺院，现实和理想相辅相成，世俗和神性共融一体，此岸与彼岸有了很好的结合点，佛性与人性渐趋合一。

佛教进入中国后，受儒家礼制的影响更为明显。至魏唐时形成规律，并规定原则，其根本特点就是：布局必须有中轴线，明确表现佛寺建筑的主次，以中轴线为基准，或纵向发展，或横向延伸。这种布局形式的最大特点，就是体现中为至尊、左右对称、上下和谐、主次分明的封建等级观念。

最早在我国出现的佛寺是以佛塔为中心的，其寺院布局形式仿效印度原始寺院形式布置，以塔为中心，四周有堂、阁、廊等围成方形庭院，呈"众星拱月"之势，门内建塔，塔后建殿，塔既在寺院的中轴线上，又在寺院的中心位置，这种建筑布局酷似中国宫室建筑沿中轴线布局的格局，显然是汲取了儒家礼制观念而成。

而以佛殿为主的佛寺，源于南北朝时期的舍宅为寺，基本上采用我国传统的多进庭院式布局，采用纵轴式中轴对称式设计，特别强调寺院的纵轴线，大大削弱了塔的中心作用，这种建筑已经和我国古代的宫殿建筑群布局十分相似了，这种佛寺建筑受中国传统思想文化影响至深，在布局上更多地承袭了汉民族传统的营造方式。佛寺中的正殿即大雄宝殿，俗称"大殿"，是供奉主尊释迦牟尼像的大殿。"大雄"意即伟大的英雄，是对佛的尊称，暗指佛有大力，能降伏"烦恼魔""五阴魔""死魔""自在天魔（欲界第六天之魔王，能害人善事）"等"四魔"。佛徒们只有潜心修行，才能得到佛的庇佑，摆脱世俗的烦恼与病魔等，获得来世的幸福。《法华经·涌出品》曰："善哉善哉，大雄世尊。"《法华经·授记品》云："大雄猛世尊，诸释之法王。"新译《华严经》卷四《世主妙严品》云："如来智慧不

思议，悉知一切众生心，能以种种方便力，灭彼群迷无量苦。大雄善
巧难惶，凡有所作无空过。"佛为大雄，故佛教寺院中供奉佛像的正
殿，即称大雄宝殿。且大雄宝殿置于须弥座上（须弥是佛教中"位
于世界中心的最高之山"），借助于台基高隆的地势，周围建筑群体
的烘托，以显示佛殿的宏伟庄严，"佛"的至高无上。佛殿地位的凸
显，是中国传统文化的物化，凸显其佛教意蕴的现实性。借助儒家封
建等级礼制，实现了佛教的世俗化。大雄宝殿正面的弥勒佛像笑容可
掬、和蔼可亲，以招徕四方游客，具有"迎宾"的性质。这种环境
显然是将神人化，融于凡世，"信徒们来此朝拜的目的，也不是想超
凡脱俗，虔诚皈依，而是希望仁慈的佛能给他们更多的现实的欣
幸"。① 修行的同时，有了入世的希冀。

除此以外，还有介于两者之间的一种特殊布局形式——塔、殿共
轴的寺院格局，在纵轴线上塔和殿同时居于主要地位，其规模同样宏
大突出，和前两者不同的是，在同一中轴线上的塔和殿都建得卓尔不
群，两者双峰并峙，从而构成另一种形式的和谐共存。

有必要说明的是任何一座佛寺首先要体现的是以中轴线对称的布
局，也就是体现出主要和次要的不同级别、不同地位。但也有部分佛
寺有两条或更多的轴线，形成更大规模的和谐与平衡。"这种建筑空
间与平面布局的有序性，在于讲究建筑个体与群体组合中的风水地
理，在地面之上的作横向发展，象征严肃的人间伦理秩序。"② 这种
佛寺建筑的高度世俗化，充分凸显中国寺庙建筑的主要建筑与次要建
筑、塔与殿堂、僧舍、殿落与亭廊的相互呼应，高度和谐、含蓄温
蕴，彰显佛寺内部组合的变幻所赋予人内心的和谐宁静及韵味。

尽管佛教以其不屑的神性，往往不屑于风水，但其中国化的佛寺却

---

① 沈福煦：《人与建筑》，学林出版社 1989 年版，第 96 页。
② 王振复：《建筑美学笔记》，百花文艺出版社 2005 年版，第 128 页。

处处留下风水的痕迹，比如风水学认为，在建筑形制上，主殿要高大，配殿要低小，否则就是欺主和失衡，而寺院形制安排上，一切以大殿为主，大殿高而大，前、后、左、右低的布置有意无意地暗合了风水要求。风水观念中，为保证气的通畅，对寺院的开门之法有所规定，门向与"气"关系密切，即门向要朝向西口。"气"口指的是寺院前方群山的开口处和低凹处，风水学上认为这是一个寺院的希望。为追求这个希望，最常用的方法便是，通过门向的偏转，使门与这开口相对，这在中国许多名寺中，均有见证，如安徽九华山古拜经台寺，背倚天台峰，左鹰峰，右金龟峰，前对观音峰，四面环山，因地势所致，该寺的平面狭长，并且朝向无法正对观音峰与金龟峰之间有一狭窄谷口，于是依照"风水"说法将寺门偏斜，朝向这一谷口，这既说明了风水对佛教的强烈渗透，也表现了佛教建筑力求和自然相融的建筑思想。

佛教有句名言："世上本无穴，穴在我心中。"但佛教圣徒们却仍然为寺庙风水的好坏煞费苦心，作为回报风水也为佛教营造出美好感人的自然景观和居住环境。

不但佛寺内部布局具有了世俗性，而寺与寺之间也受儒教礼制的影响，具有了世俗化的标志。据记载，从唐代开始，"佛寺已不仅有与社会层次相对应的等级差别，同时在寺院形制上也有官、庶之分……会昌灭法废寺，即自上而下，先从最基层的村野山房，招提兰若开始，逐渐上及两京各州佛寺。大中复法，又自下而上，先赦于京城、八道及各州立寺，然后京畿、郡县听建寺于兰入若。其中两京各州佛寺，是获官方颁赐寺额、在政府主管部门（祠部）登记入册的正式寺院；而山房、兰若等，则是未获赐额、不入正册的非正式寺院"。[①] 可见寺院之间的等级性。

"中国佛寺，一方面是佛的灵境，另一方面是人的礼佛场所。在

---

①　傅熹年：《中国古代建筑史》第二卷，中国建筑工业出版社 2001 年版，第 472 页。

审美上，它的基本建筑形制，深受中国传统院落式建筑模式的影响。佛教有关于'无父无君'，'沙门不敬王者'的理论，而中国佛寺的空间布局与秩序，实际与俗世的秩序及其政治、伦理观念，具有某些同构因素，佛寺被世俗化了，它是宗教崇拜与现实审美的二重奏。"①风水理念的平和性、等级礼制的现实性、佛教意蕴的脱俗性在佛教寺院的布局上三性合一，充分体现了佛性与人性，此岸与彼岸的统一。

作为古建筑的精华和标本，灵岩寺经过1600多年的风雨坎坷，几度沉浮，饱经风霜，早期的建筑多已不存，但其壮观的建筑格局和深蕴的建筑理念仍在其遗址中依稀可见：沿中轴线布局，中为至尊，左右对称。

据张公亮《齐州景德灵岩寺记》记载："寺之殿堂廊庑厨僧房，间总五百四十，僧百，行童百有五十，举全数也。"并形成以天王殿、大雄宝殿、千佛殿为中轴线的寺庙建筑群。坐北面南，依山而建。寺内主要建筑有千佛殿、天王殿、辟支塔、墓塔林、钟鼓楼、五花殿、大雄宝殿、天王殿、东厢房、西厢房、韦陀院、观音堂、御书阁、方丈院、塔西院等。千佛殿为该寺主体建筑，因其塑工精细传神，被誉为"海内第一名塑"。

一般来说，优秀的建筑引起的共鸣接近音乐的效果，"建筑是一种冻结的音乐，音乐是流动的建筑"。歌德是深谙建筑所给予人的美妙感受的。灵岩寺所带给人们的不仅仅是音乐，而且是浸润着儒家礼乐文化的一首流动的舞曲。礼乐文化是一种规定人间秩序的文化，要求人们在既定的秩序中按部就班地生活。中国的佛寺在借鉴印度佛教建筑的基础上，结合本土特征，以院落式的平面布局为基本构图方式，采用中国独特的中轴对称式布局，体现出中国佛寺的明显特征。

---

① 王振复：《建筑美学笔记》，百花文艺出版社2005年版，第328—329页。

灵岩寺亦如此，它体现出儒家崇尚礼制、上下有序的封建等级观念影响下的佛教意蕴的中国化，更重要的是一种人自身和谐的象征。按照儒家礼仪，殿为最高等级的建筑类型，主殿面南，之前只允许有门而不能有其他的殿堂出现。"灵岩寺的建筑布局，从完整的建筑及遗址看，是根据地形相对区域，按照传统的建筑格局布置的。在一块块的空间内，依山就势，沿中轴线布局，左右对称，四周绕以封闭的围墙，形成若干个相对独立的院落，大规模的寺院。只有这样，才能在半山中建造出如此大规模的寺院，构成一幅高低错落，布局灵活的画面。"① 寺院入口处的两道山门金刚殿和天王殿，标志着寺庙与世俗世界的分界；山门后的钟楼和鼓楼，空间位置的变化既烘托了佛教的宗教气氛，也使大雄宝殿的主体建筑地位更加突出。大雄宝殿为主殿，它的建筑等级最高；天王殿、大雄宝殿、为中轴线，坐北面南，依山而建，沿山门内中轴线，其他建筑从南向北依次排列在天王殿、大雄宝殿、千佛殿这些主体建筑为中轴线的左右两侧，形成错落有致、相形取胜的聚落格局和藏风聚气的空间布局。

而从更深层次的角度看，这种"尚中""对称"的建筑布局更给人们一种强烈的视觉感受和心理暗示，那就是在这样的建筑布局所构成的环境中，人的心灵受到某种感悟和影响而达到一种内在的安宁、平静和平衡，而且，"尚中""对称"的设计理念，"以儒家思想为基础构成了一种性格—思维模式，使中国民族获得和承继着一种清醒冷静又温情脉脉的中庸心理：不狂躁、不玄想、贵领悟、轻逻辑、重经验、好历史，以服务于现实生活，保持现有的有机系统的和谐稳定为目标……"② 人的身心处于一种平衡、和谐状态。

---

① 王荣玉等：《灵岩寺》，文物出版社 1999 年版，第 15 页。
② 李泽厚：《试谈中国的智慧》，生活·读书·新知三联书店 1988 年版，第 27 页。

第二节　佛塔的体现

"佛教传入中国后，中国建筑显然逐渐地受到外来文化的影响。显著的例子就是建立了'塔'这个新的建筑类型。"[1] 佛教传入中国前，我国没有"塔"，也没有"塔"字，直到隋唐时，梵文的"Stupa"被译作"塔"，也有"浮图""浮屠"等名称，亦被意译为"方坟""圆冢"，"塔"便沿用至今。它本是印度的一种坟冢，释迦牟尼佛涅槃以后，藏置佛陀舍利（身骨）和遗物的窣堵坡便成了佛教弟子心中的圣物。随着佛教在中国的传播，佛塔很快就在全国各地建造起来，《洛阳伽蓝记》中记载的北魏都城洛阳"招提栉比，宝塔骈罗，争写天上之姿，竞模山中之影"。佛塔的盛行，一方面满足着原始佛教的宗教功能，另一方面也表述着中国传统文化影响下的佛教意蕴世俗化的内涵。

印度佛塔最初是用土和砖垒砌，以后逐渐发展成由台基、覆钵、宝匣和相轮四部分组成的实心建筑物。"塔"代表了修行的最高目标——"涅"（肉体经受了巨大的痛苦和轮回后得以更美好的躯体重生）。到高耸的"塔"下来祭拜，自然勾起了人们对这个目标的崇敬和向往，从而更虔诚地修行和做人。据《桑耶寺简志》记载，佛塔作为一种供信徒顶礼膜拜的象征宝物，又是供信徒们祈祷求助具有威慑力量能够压制一切邪恶或异己力量的神圣之物。

而中国化了的佛塔，除了这种佛教的原始宗教功能之外，其造型以楼阁式木塔为主，具有了世俗化的倾向。这种设计理念，可谓匠心独运。

首先，质地的转变。中国传统建筑的木构架，含有深切的含义。

---

[1]　李泽厚：《试谈中国的智慧》，生活·读书·新知三联书店 1988 年版，第 107 页。

木是自然之物，又是生命之物。世人对树木是有感情的，物以寄情——正如《论语》中的"刚毅木讷、近仁"。佛塔改印度的砖土结构为具有中国文化特色的木构架，使原本冰冷的建筑具有了人情味，且木塔利用挑檐、栏杆等的处理，"使外轮廓显得有实有虚，有变化又有节奏，从而给人既崇高又亲切生动之感。但这种感情与佛教原型相矛盾，所表现的是世俗情态，歌颂的是生命和活生生的现实世界；在这里，并不使人感到那种超凡脱俗、冷漠无情的冥土境界，所看到的是塔，也是楼阁。挑檐、栏杆、斗拱等都是现实社会的建筑符号，给人们的感情是至深的、情意脉脉的，与世俗的现实生活紧紧联系着。"① 这种质地的改变，同时也在某种程度上改变了塔的结构形制，充分体现了树木和人的亲近关系，把使人望而生畏的冰硬的砖土水泥变换为使人感觉亲切的柔和绵软的木质材料，一方面拉近了佛教建筑与芸芸众生的心理距离，另一方面利用木质材料的变化随和、实虚有致的造型特征融合了佛教和世俗的关系，从而达到佛教建筑和世俗建筑某种程度的统一，佛教的出世精神有了入世的倾向。

其次，功能的拓展。第一，登临眺览。塔的内部设置楼梯，可以层层登高，凭栏远眺，河山美景尽收眼底，在某种意义上成了美好景致的观景台，这种构造形制的根本改变，"实在可以说是入世的儒家思想对佛家苦空文化的'恶意'攀附"②。第二，料敌"导航"，即用塔作为斥候监视来敌的军事用途，如河北定县料敌塔，实为瞭望塔，其功能既有登高瞭望敌情，又有料敌如神，祈求佛助的精神意义；再如杭州六和塔、安庆的振风塔等都有指点迷津、引渡导航等实际功用，同时又有如茫茫黑夜中由此岸普渡彼岸的指路明灯之佛教含义。在佛教徒心目中，明灯就是佛的化身。第三，"佛助及第"，即

---

① 沈福煦：《人与建筑》，学林出版社 1989 年版，第 140—141 页。
② 王振复：《建筑美学笔记》，百花文艺出版社 2005 年版，第 237 页。

"状元"塔。这是佛教建筑最具典型特征的世俗功能，如唐代雁塔、扬州的文峰塔、常州的文笔塔、淮安的文通塔等，将登塔提名美事首先给予及第巨子，将崇拜佛法和科举功名联系起来，把出世之佛与入世之儒非常奇怪而有趣地融为一体，也就具有了独特中国风味与文化意蕴的特色。第四，遗体储存。在西藏，灵塔不但可以供奉火化后的遗骨，也可以保存完好的遗体。高僧涅槃后的遗体经特殊处理，使"全身犹如人在睡眠，随时可以唤醒，外部轮廓一如生前"。印度的佛塔纯粹是对精神的关怀，西藏却是把精神与肉体一同珍视，这也是中国佛塔更注重实用，由精神的象征意义拓展为现实的世俗意义的特征之一。佛塔由仅仅藏置舍利的单纯功能到作为观景台的"登临远眺"及监视来敌、指点迷津的"料敌'导航'"功能，再到崇拜佛法和科举功名联系起来的"佛助及第"及把精神与肉体一同珍视、更注重实用的"遗体储存"等功能的拓展，佛教中国化、世俗化、由出世到入世、由精神到物质、由理想到现实等可以看出，中国佛教建筑一步一步融入了身心和谐的理念。

最后，内涵的延伸。原印度的佛塔，其功用比较单一，仅仅是埋葬舍利的地方，也正是因为埋葬佛陀的舍利而成了信徒们心中的圣物，其内涵简单而单一。而进入中国后，由于深受中国传统文化的影响，塔的层次乃至平面图形都有了象征意义，有了深刻的内涵和意识的延伸。这是因为印度佛教的中国化，使得以建筑形象宣传佛教教义的中国佛塔，不可避免地渗融着中国古典建筑民族文化特点，以高耸形象为特征的中国楼阁式塔等在形制上显然较多地受到了中国传统建筑文化的深刻影响，而中国佛塔的建造，显然是从这里得到了重要的启示，中国佛塔的层檐多为奇数，从单数三、五、七直到十五、十七甚至更多的层数，受我国阴阳五行思想的影响：奇数为阳，偶数为阴，阳为天，阴为地，因此塔的层数是往上朝天，应为奇数；塔的平面图形在地，则应为偶数，所以其层数必须使用阳数（奇数）来表示"光大",这样可以更好吸纳周围的"正气",因此塔便有了三层、五层、七层、九层、十一层、十三层、十五层、十七层以至三十七层之高（一般塔的层数为七层，所谓"七级浮图"就是塔的同义词）；而平面布形通常是呈方或圆，有四、六、八、十二等双的阴（偶）数，这种布形，一是暗合了中国传统的"天圆地方"的宇宙观，二是和塔的层数构成一个阴阳对立统一的宇宙观，而这种平面布形，佛教里也有解释：四边为四圣谛；六边象征六道轮回；八边即是八相成道；十二边指十二因缘等，而塔的奇数层在佛教中则表示清白与崇高。

山东历城四门塔是一层式，九顶塔是中央一座为五层式，四周四座均为三层式，苏州云岩寺塔七层，杭州灵隐寺塔九层，最为突出的是山东灵岩寺的辟支塔，其九层的砖塔，气势雄伟而巍峨，重檐三层的密檐楼阁式建筑结构为中国独此一例，使人感到庄严大方中不失玲珑奇巧。这种奇数的建筑形制，不是偶然的巧合，奇数是阳数，有象征天的文化意义，和土生土长的道教所谓"道生于一，其贵为偶"（《抱朴子》）的观念亦有相通之处。

因此，中国化了的佛塔具有了原始佛教和中国传统文化的双重内涵特征，佛教建筑的"本土化"使其内涵的延伸成为一种现实的慰藉，身与心得以平衡。

济南长清灵岩寺辟支塔，为唐始建，北宋重建。辟支，是继释迦佛圆寂后自己悟道的佛，全称为"辟支释迦陀"，此塔便为崇拜此佛而建。其在形制上体现了佛教追求来世幸福理想的原教义理念和因地制宜地体现出中国传统文化中的"入世"精神，其建筑风格成了理想和现实和谐统一的典范。

辟支塔楼阁式的八角九层，高55.7米，石砌塔基上，雕有狰狞恐怖的阴曹地府图，也镌刻有古印度孔雀王朝阿育王皈依佛门等故事，巨大的塔刹则高耸云天，以示脱离苦海，为善惩恶，向佛国飞升；另外，辟支塔，气势雄伟、造型美观、结构复杂、比例适当，十分醒目地耸立在满目葱茏的灵岩山谷中，与依山就势而建的寺院构成蔚为壮观的画面。宋代文学家曾巩有诗赞曰："法定禅房临峭谷，辟支灵塔冠层峦。"这种形制，有着复杂而深刻的底蕴。高高矗立的标志性建筑物"辟支塔"，不是孤立的存在，周围的灵岩寺中的大雄宝殿、钟楼、鼓楼等错落有致，层层叠起，给人一种阶梯式的感觉。特别是在视觉上，周围建筑群的衬托使主塔不是高不可攀的，而是通过努力和奋斗可以达到极顶的。这种设计理念充分地体现了佛教传入中国后基本精神的变化，即现实和理想之间的某种亲近、某种交汇和融合。一般来说，理想和现实有时距离遥远，有时甚至背道而驰，是一对矛盾着的统一。而灵岩寺建筑形制所体现的正是苦难到幸福，现实成理想的可能性——也就是它们之间的和谐关系。

在灵岩寺，辟支塔以周围的建筑群为背景，使其整体意象及周围环境弥漫着带有中国传统文化色彩的佛教意蕴，"不是高耸入云，指向神秘的上苍观念，而是平面铺开、引向现实的人间联想；不是可以使人产生某种恐惧感的异常空阔的内部空间，而是平易的非常接近日常生活的空间组合；不是阴冷的石头，而是暖和的木质等等，构成中国建筑的艺术特征。在中国建筑的空间意识中，不是去获得某种神秘、紧张的灵感、悔悟或激情，而是提供某种明确、实用的观念情调"。[1]

总之，佛教在中国，其最高境界已不像西方那样单纯追求"出世"，而是追求一种现实的、理性的"入世"。"以出世的精神做入世的事情"，成了佛教文化与中国传统文化结合的典范，也是理想与现实、精神与肉体、心与身和谐统一的典范。

---

[1] 李泽厚：《李泽厚十年集》第1卷，安徽文艺出版社1994年版，第67页。

第三节　石窟的体现

　　石窟是中国佛教建筑的又一种类型,是一种就山势、依山岩凿成的石室寺庙建筑,里面有佛像或佛教故事的壁画,原是印度的一种佛教建筑形式。石窟,作为佛教建筑的重要组成部分,相对于中国化了的佛寺、佛塔来说,更能体现中国传统文化影响下佛教的遁世隐修、超凡脱俗意识的本土化过程。

　　佛教传入中国大致在西汉末年,当时石窟并没有随之传入,而是在北魏时期传入,至隋唐中国佛教建筑兴盛时而盛行,其原因如下:一是佛教大盛,效法印度自然成为风气;二是中国的木构建筑不像石构建筑那样可以保存很长时间乃至永久,而佛教建筑却有"永恒"的需求,为了弥补这一不足,大致从北魏开始,大量兴造佛教石窟也就成为必然趋势了;三是石窟的空间形制、石雕的佛像造型及背景气氛,其宗教色彩更为浓重,所以隋唐以来,石窟在中国北方的黄河流域迅速兴起,凿崖造寺之风遍及全国,最有代表性的是有名的四大石窟:甘肃敦煌莫高石窟、山西大同云冈山石窟、河南洛阳龙门石窟、甘肃天水麦积山石窟。而其中敦煌石窟、云冈山石窟、龙门石窟分别代表了佛教建筑在中国发展的三个不同阶段。

一　萌芽阶段

　　这一阶段以甘肃敦煌莫高窟为代表。莫高窟融绘画、雕塑和建筑艺术于一体,始建于前秦,历经十六国……西夏、元等历代的兴建,是世界上现存规模最大、内容最丰富的佛教艺术圣地。窟外原有木造殿宇,并有走廊、栈道等相连。莫高窟位于丝绸之路河西走廊的西端,地理位置上距印度较近,可以认为是从客观上受印度佛教建筑影响较早的佛教建筑艺术。据莫高窟碑文记载,前秦符坚建元二年

（366 年），有位叫乐尊的云游僧人来到这里，此时太阳夕照，山顶上万道金光，犹如千万尊佛在闪烁，又好像香音神在金光中飘舞，乐尊被这大漠奇景感动，认为这就是佛光显现，此处是佛祖圣地，于是顶礼膜拜，决意在此修行，于是萌发开凿之心，后历建不断，遂成佛门圣地，号为敦煌莫高窟，俗称千佛洞。大体可分为四个时期：北朝、隋唐、五代和宋、西夏和元。

北朝时期的窟形西域佛教特色明显，以殿堂窟、禅窟和中心塔柱窟为主，内有壁画和彩塑，壁画内容有佛像、佛经故事、神怪、供养人等；彩塑以飞天、供养菩萨和千佛为主。塑像风格朴实厚重，色调热烈浓重，人物体态健硕挺拔，神情端庄宁静。西魏以后，色调趋于雅致，底色多为白色，风格洒脱，初具中原的风貌。

隋唐时期，随着佛教全盛时期的到来，莫高窟也进入全盛时期。随着大量出现的殿堂窟、佛坛窟、四壁三龛窟、大像窟等形式，禅窟和中心塔柱窟逐渐消失。塑像都为圆塑，造型浓丽丰满，并出现了前代所没有的高大塑像，风格更加中原化。莫高窟壁画美术技巧达到空前的水平，场面宏伟、题材丰富、色彩瑰丽。如中唐时期制作的第79 窟胁侍菩萨像中的样式，颇具唐代平民的特征，唐代以丰腴为美，所以其菩萨塑像脸庞、肢体的肌肉圆润。头上合拢的两片螺圆发髻，也是当时流行的平民发式。表情随和温存，肤色白净，施以粉彩，尽管眉宇间仍点了一颗印度式红痣，却是典型的唐人形象。还有 159 窟中的胁侍菩萨，艳丽绚烂的色彩，线条流利的衣褶，其身材比例衣饰配置，都是活生生的唐人特征，中国化特征明显。

五代时期，形式主要是佛坛窟和殿堂窟，基本上沿袭了晚唐风格，塑像和壁画美术技法水平有所降低，形式愈显公式化。

西夏晚期，尽管洞窟形制和壁画雕塑基本都沿袭前朝的风格，但壁画中又出现了西藏密宗的内容，出现了方形窟中设圆形佛坛的形制，壁画和雕塑基本上都和西藏密宗有关。中国化特征更趋明显。

二　雏形阶段

这一阶段以山西大同云冈山石窟为代表。始建于北魏兴安二年（453 年）的云冈石窟，在北魏迁都洛阳之前（494 年）建成了大部分窟体，在此后的 30 多年里造像工程一直延续，直到正光年间（520—524 年）。窟中菩萨、力士、飞天形象栩栩如生、逼真传神，甚至塔柱上也有精致细腻的雕刻，上承秦汉之风，凝聚现实主义艺术的精华，下开隋唐之韵，充满浪漫主义色彩，规模宏大，雕刻精细，被誉为中国美术史上的奇迹。

石窟佛像与乐伎刻像在我国传统雕刻艺术的基础上，汲取、融汇了印度犍陀罗艺术及波斯艺术的精华，明显地流露着异域色彩，从中可以看出印度、中亚佛教艺术向中国佛教艺术融合的轨迹，也清晰地反映出佛教造像在中国逐渐世俗化、民族化的过程，是当时佛教思想流行的体现和北魏社会生活与多种佛教艺术造像风格前所未有的融会贯通，成为颇有代表性的"云冈模式"，成为中国佛教艺术发展的转折点。敦煌莫高窟、龙门石窟中的北魏造像均不同程度地受其影响。云冈石窟是我国与其他国家友好往来的历史见证，也是古代人民创造性劳动的智慧结晶。

按照开凿的时间，整个石窟大致可分为早、中、晚三期。每个时期的石窟造像都有着不同的风格和特色。早期气势磅礴的"昙曜五窟"，给礼佛者以强烈的震撼和感染；佛的威严神秘形象突出，佛的形象与生活原型明显有别，情调浑厚、纯朴，西域特征明显。中期石窟精雕细琢，装饰华丽；人物形象神态各异、栩栩如生；仿木构建筑物风格古朴、形制多样；佛传浮雕主题突出，刀法娴熟；装饰纹样构图繁复，优美精致，艺术风格复杂多变，明显带有北魏时期富丽堂皇的特点。晚期窟室规模缩小，人物形象比例适中、清瘦俊美，且增加了我国古代箜篌、排箫、筚篥和琵琶等乐器雕刻，丰富多彩，琳琅满目，佛像面容少了威严，多了微笑，姿态也不再是一律正襟危坐或傲然挺立，而多了一些婀娜多姿之势，富亲切感和人情味，是中国北方石窟艺术的榜样和"秀骨清像"的源头。其中中期出现的中国宫殿建筑式样雕刻以及在此基础上发展出的中国式佛像龛，对后世的石窟寺建造产生了重大影响；而后期窟室布局和装饰，愈加突出地展现了浓郁的中国式建筑、装饰风格，反映出佛教艺术"中国化"的不断深入与发展。

三　成熟阶段

这一阶段以河南洛阳龙门石窟为代表。龙门石窟始开凿于北魏孝文帝迁都洛阳（493 年）前后，龙门石窟位于洛阳市城南 13 公里，处香山和龙门山两山对峙间，伊河水从中穿流而过，远望犹如一座天然的门阙，古称"伊阙"。龙门石窟是历代皇室贵族发源造像最集中的地方，它是皇家意志和行为的体现，也是石窟向着中国传统文化靠拢，逐渐世俗化和理性化，佛教建筑形态与非宗教的世俗建筑形态一致起来的标志。北魏造像在这里失去了云冈石窟造像粗犷、威严、雄健的特征，而生活气息逐渐变浓，趋向活泼、清秀、温和，更加接近人间气息，其审美意向也随着时代的不同而变化，比如，北魏时期人们崇尚以瘦为美，因此北魏造像，脸部瘦长，双肩瘦削，胸部平直，衣纹的雕刻使用平直刀法，坚劲质朴，追求秀骨清像式的艺术风格；而唐代崇尚以丰腴为美，故唐代佛像的脸部浑圆，双肩宽厚，胸部隆起，衣纹的雕刻使用圆刀法，自然流畅，追求丰腴圆润的艺术风格。可见，石窟建筑和世俗文化紧密联系，乃至相互交融。龙门石窟的唐代造像继承了北魏的优秀传统，又汲取了汉民族的文化，创造了雄健生动而又纯朴自然的写实作风，达到了佛雕艺术的顶峰。

佛教艺术是一种象征艺术，石窟艺术是佛教艺术的一个组成部分，象征当然需要一种可视形象，但其深层含义并不能从形象本身直观地看出，而是需要就形象所需要暗示的一种教育普遍的意义去领悟。龙门石窟作为佛教艺术中国化成熟的载体，充分体现了心境与环境、佛性与人性、佛门等级与儒家礼制、出世与入世的高度融合，从而表现出一种心与身、灵与肉的和谐。

石窟艺术，在某种程度上说也是环境的艺术。中国石窟几乎无例外地选择在远离闹市的山清水秀之处，目的是给人一种世外桃源的感觉，与佛教绝情洗欲，向往彼岸佛国净土的修行目标相融合。如敦煌莫高窟，在茫茫沙漠之中，鸣沙山下一湾溪水环绕，树木繁茂，绿草如茵，佛国净土的幽静美丽，会给前来朝圣的信徒们以对比强烈的感受，好像他们真的来到另一世界，环境与心境契合。

石窟佛像造像遵从教义的规范，使佛像与人间保持距离，突出其神性。如若冷若冰霜，严酷漠然，会使人望而生畏，"神"气太足使人觉得可敬不可亲，难以引起共鸣；但若亲切和蔼，"人"间气太浓，又会冲淡佛教的严肃性。所以中国化了的佛像造型基本是表情含蓄、神秘莫测，似笑非笑，严肃中流露着慈祥，慈祥中又包含着威严，可亲而不可近，有神圣不可侵犯的威势。既有男性的阳刚之气，又有女性的温柔之美。具有佛的神秘性与人世间的最高主宰无上权威性的集合体，是神性与人性完美结合的典范。

原始佛教教义宣传的是众生平等，但中国化了的佛教艺术在形象处理上采取不平等的形式，与现实中的儒家礼制"尚中""尚大"相吻合。佛居于中心地位，形体格外高大突出。菩萨、弟子、天王、力士等，按等级逐渐低矮，侍立两旁，如众星拱月，佛教精神也便世俗化了。

佛教追求涅槃，注重"四大皆空""看破红尘""无所执著"，忍受现实苦难，潜心修行，求得出世。但石窟的开凿往往是在荒山野岭、大漠孤丘、交通极端不便、远离人间烟火等处，且洞穴众多，规模宏大，因此要付出无比艰辛的劳动和努力，更需要顽强的意志、执着的精神、虔诚的心灵，才能凿出这举世闻名的佛教的物化象征——石窟。整个过程是佛教的出世和儒家的入世的完美结合，世界艺林的奇葩也因此而产生。

佛教建筑文化浸透了宗教崇拜的精神，在文化性格上，是佛国与人间、此岸与彼岸、崇拜与审美在佛寺、佛塔、石窟等佛教建筑中明显表现出来。佛教是外来宗教，但传入后，融汇了更多的中国元素，以其特有的建筑造型，或高峻伟岸，气势喷涌，或英姿临风，意象飘逸，庄重静穆令人深思遐想。——"突兀压神州，峥嵘如鬼工""殚土木之功，穷造型之巧"是佛教建筑的生动描述。

佛寺、佛塔、石窟的宗教崇拜与艺术审美意义，在历史的陶冶中已经大大注入了中华民族特定时代特定社会的心理内容，受到中国传统文化及其相联系的中国古典建筑美学、文化思想的有意义的滋养，成为中国化了的佛建建筑类型。

总之，中国化了的中国佛塔还具有出世与入世的二重性：一方面人匍匐在佛的脚下，感到自身的渺小而求出世；另一方面人又不愿低下他那高贵的头颅忍受现实苦难而求入世。"佛塔昂首向天，既是人对茫茫佛国的呼唤，又是人对自身创造力的肯定。中国佛塔作为一种佛教建筑文化充满了矛盾，既在引导人们崇尚出世无为，让苦楚的凡心向佛国飞升，又在一定意义上寄寓着乐生欢愉的理性情调；它脚踏在现实人生的大地，既是神秘佛性一曲响彻云霄的颂歌，又是人情世俗大气磅礴的挥写。"① 这种矛盾所展示的正是佛教融入中国传统文化过程中的冲撞、对抗到最后妥协的过程，既体现了原始佛教超强的适应能力，又体现了中国传统文化所特有的包容性；既可以说是原始佛教在适应中国水土中的升华，又可以说是中国传统文化对外来文化的吸收和提取，其最终结果是氤氲出一种能够使人们既有理性的现实追求（入世），又有感性的理想向往（出世）的境界，从而实现了人自身即身与心、理想与现实的和谐。

---

① 赵慧宁：《建筑环境与人文意识》，博士学位论文，东南大学，2005 年，第 25 页。

第五章

中西方古代建筑和谐理念比较

　　不同的语言，表达着不同的思想，流露出不同的情感；不同的建筑，承载着不同的文化，体现着不同的内涵。在人类历史文明长河中，作为石头与木头构筑的史书，建筑如实地记载了人类历史发展的脚步，它是人类精神、情感直接建构与传达的物态方式，具有鲜明的时代特点和民族特色，是人类文化体系中不可或缺的重要组成部分。建筑的发展深刻地体现了人类社会文明的进步、时代的更迭、社会的伦理、人们的审美等一切形而上的东西。

　　德国学者恩斯特·卡西尔在《人论》中说："人类文化分为各种不同的活动，它们沿着不同的路线进展，追求着不同的目的。"中西文化在形成渊源与缘由、构建理念与目的等方面的差异，必然会体现在建筑文化、建筑风格上。因此，中西建筑文化的不同，从根本上应理解为中西传统文化的不同。一般认为：中国文化重个体、群体及环境之间的文脉关系，西方重个体的独特精神，凸显各种流派的个性特质；中国文化重人，西方文化重物；中国文化重道德和艺术，西方文化重科学与宗教，等等。尽管中西丰富多彩的建筑文化所蕴含的建筑特色、艺术形式、发展源流以及人文理念等有所差异或不同，但作为人类情感表达的物态方式，人塑造了建筑，建筑也塑造了人，建筑成了人类历史的见证、文明的标志、理想的寄托、肉身与心灵的寓所，追求和谐是其共同的审美目标。

　　建筑从最初的人类遮风蔽雨的物质存在，到建筑是环境的科学和艺术以至成为人类高蹈的精神寓所，其强大的生命力，就在于它能跨越时空，千古流传，建筑价值观念一直在发展和演变着。作为中西文化体系中两种并行的文化艺术载体和世界三大传统建筑文化体系的两大分支，无论是中国的传统建筑，还是西方的古典建筑，尽管在讲究建筑物形象的比例、格局、尺度、均衡、韵律、色彩、质地等时，追求的都是同一个目标——和谐，但由于在哲学观念、文化传统、审美心理、道德标准、价值观念等文化背景方面都存在明显的差异，势必会对建筑和谐理念产生深刻的影响，决定了中西方建筑艺术和谐理念的不同文化内涵："中国建筑体现出的是伦理、心理的和谐，它是人文的，重在求善；西方侧重的是建筑的物理属性，追求的是物理、形式的和谐，它是科学的，重在求真。"①

　　哲学的内核，从根本上决定着特定时代发展的方向和面貌，它作为一定时代精神的积淀、凝聚和升华，也规定着特定时期建筑设计的基本精神和理念。"中国传统哲学的世界观，既没有历史上西方哲学突出本体论时难免带有的'神学'性质，更没有把一个抽象的世界本体同现实存在分开，而是把可见世界的运动所展示的矛盾对立属性和作用抽象化，反过来把可见世界各种有普遍意义的规律性联系，以实践理性直接服务于人类生存的现实目的。"② 实践理性产生了"天人合一""天人一体"的哲学观。"从现代哲学的眼光看，西方传统哲学将人与世界看成一种外在关系，人独立于世界之外，主体（人）与客体（世界）在一种前在分离的条件下，以种种关系（认识、实践、价值、审美、宗教等）来加以联结。然而，中国传统文化思想

---

① 刘月：《中西建筑美学比较研究》，博士学位论文，复旦大学，2004年，第5页。
② 王蔚：《不同自然观下的建筑场所艺术》，天津大学出版社2004年版，第117页。

则不同，在中国哲人看来，人与世界处于一种不可分割的有机联系之中。"① 这种不同的哲学观，决定了中西方对自然的不同态度：中国古代的传统哲学观中，人是世界的一部分，主、客一体，即人与自然是统一体。"人类既是认识的客体，也是认识的主体。把人类自身作为研究对象，把人类社会同自然界联系起来考察他们的运动规律，把人类社会同自然界融为一个整体，人类社会也是自然界的一部分，不是自然界的对立面，这就是天人合一的自然观。"② 而在西方，人独立于世界之外，主、客二分。中国和西方在特定的历史时间内，尽管都曾把大自然看作神圣的，但是出发点却大相径庭：中国朴素的唯物史观是认识并利用大自然，突出人化的神积极主动地活动在神圣的大自然中，使它对人来说日益完善，体现神、人存在于自然之中的共性；而西方，对神的顶礼膜拜则是突出神化的人对自然的征服，自然被人格神话，自然充分受到人格神的支配。

中西传统哲学观的主、客一体和主、客二分在追求建筑的和谐理念方面也延伸出了"天人合一"和"神人合一""人人以和"和"物物以和"及"身心以和"和"神心以和"等不同的内涵。

第一节 "天人合一"与"神人合一"

中国古代对自然的关系及其审美，是建立在"天人合一"哲学基础之上的。中国自然哲学最突出的特点是"天人合一"，"天"是无所不包的自然，是客体；"人"是参入天地的人，是主体。"天人合一"就是主体融入客体，坚持两者的根本统一，从而达到人与自然的和谐状态，所追求的最高目标就是认识到事物相互联系的统一。

---

① 刘方：《中国美学的基本精神及其现代意义》，巴蜀书社 2003 年版，第 123 页。
② 金景芳：《周易讲座》，吉林大学出版社 1987 年版，第 15、52 页。

道家以《老子》的"人法地，地法天，天法道，道法自然"的"无为"来求得"天人合一"的人生境界和审美境界，也强调"无为而无不为"，认为只要以"无为"的态度拥入到大自然当中，就能达到"天人合一"，这也是庄子的"万物与我为一"的"天和"境界。"天人合一"可以概括为两点：一是天人皆物，形态相殊，本质则一，"物物皆太极"；二是人效法天，顺应自然，模拟自然，改造自然，但不破坏自然，尽量求得人与自然的和谐统一，用现代的话来说就是求得"生态平衡"。

在道家"天人合一"的思想支配下，建筑成为自然界的一部分。建筑和自然恰当地融合为一体从而造就了与西方建筑迥异的风格造型：藏风聚气的选址、庭院式的布局、天圆地方的形制、天然一体的土木材质等，强调"融入自然"和"自然融入"。《庄子》的"有人，天也；有天，亦天也。人之不能有天，性也。圣人晏然体逝而终矣！"人亦天，天亦人，两者契合无间，浑然一体。作为中国传统文化的载体，建筑努力地融渗在自然之中，拥入自然的怀抱，两者安静地、亲切地"对话"，从而也成就了闻名于世的"虽由人作，宛自天开"的中国式庭院文化。自然美与艺术美达到了高度的统一与融合。

而在西方，人独立于世界之外，主、客二分。对神的顶礼膜拜，强调"人神合一"，突出神化的人对自然的征服，自然被人格神话，自然充分受到人格神的支配。以希腊为代表的西方古典建筑充分体现了这种"人神合一"的哲学观，突出人的力量，强调对自然的征服。在《马克思恩格斯全集》一书中，称赞说："希腊是泛神论的国土……每个地方都要求在它美丽的环境里有自己的神。"① 古希腊人崇拜神灵，他们认为每个城邦，每个自然现象都受一位神灵支配。希腊人祀奉各种神灵并为之大力兴建神庙，为神灵提供栖息圣地，因而

---

① 《马克思恩格斯全集》（第二卷），人民出版社1995年版，第78页。

大大小小的神庙遍布古希腊各地。希腊人神同位同性，希腊人对神的崇拜也就是对人自身的崇拜。神在古希腊人心目中呈现出亲切可爱的完美的人的形象，呈现出一种美的理想；神在他们的童话中，并不是非人非兽，奇形怪状的形象，而是被进一步地"人格化"了。正如意大利思想家维柯所说，不是神创造了人，而是人按照自己的形象创造了神。费尔巴哈的《基督教的本质》一书中，提出"神是人的本质的异化"证明了这一点。

西方哲学思想主张征服自然，把建筑看作向自然进击从而征服自然的一种手段与方式，其教堂、宫室、竞技场、歌剧院等其风格强调建筑的雄伟绮丽，来彰显自然的渺小。为了突出这一点，西方古典建筑的特点是体型巨大、进深深邃、层高恢宏、阔面广远，而与自然接触面如窗等面积却相对较小，英语中窗户（window）一词，最初的含义仅仅是"风眼"（wind's eye），是因为英国人最初的窗户，不过是墙上一条狭长的缝，为了防止冷空气袭入，缝往往开得很小。结果，从窗户进来的光线，还不如进来的风多。甚至连有限的花园从总体布局到花草、雕塑、水池等小品建筑也对称严谨，花草灌木修剪成地毯纹理状，雕塑、水池等修建成立体几何形或其他体型，以体现人征服自然的主张。

西方古典建筑非常强调建筑的个性，每座建筑物都是一个独立、封闭的个体，表现永恒的意念和与自然相抗衡的力度。为了表现这种理念，体量巨大，尺度超然，已远远超出了人们在内举行各种活动的需要。山水自然环绕着高耸壁立的而又傲然独有的建筑，往往形成一种以自然为背景、孑然孤立的空间氛围，两者似乎是隔离和对立的。

举世闻名的帕提农神庙便是这一理念的形象代表。帕提农神庙建在雅典城中央的一个不大的孤立的山冈上，和雅典卫城里供奉海神波塞冬的厄瑞克忒翁神庙及供奉胜利女神的胜利女神庙相互构成一定角度，创造出极为丰富的景观和透视效果。虽然海拔仅 152 米，但东面、南面和北面都是悬崖绝壁，地形十分险峻，面积约为 4000 平方米，山势十分陡峭，只有西端一个孔道可以攀越。气势恢宏的帕提农神庙屹立在雅典卫城的制高点上，俯瞰全城，从雅典的各个方向都能看到它那宏伟庄严的形象。它不仅是卫城建筑群的中心，而且是雅典全城冠冕，雅典人民把它视作国家繁荣昌盛的体现。它祀奉的希腊神话中的战神和智慧女神雅典娜，是雅典城邦的守护者。

帕提农神庙选址表现出强烈的建筑个性：永恒的进取精神和意志及与自然相抗衡的勇气和力量。瑞士著名古典文化学者安·邦纳写道："全部希腊文明的出发点和对象是人。它从人的需要出发，它注意的是人的利益和进步，为了求得人的利益和进步，它同时既探索世界也探索人，通过一方探索另一方，在希腊文明的观念中，人和世界都是一方对另一方的反映，即都是彼此摆在对立面的、相互映照的镜子。"深刻表明古希腊民族对人的重视，把人处在高于自然与社会的位置上，主张人对自然与社会的改造和征服。帕提农神庙充分体现了古希腊文化的人本精神：把建筑本身看作人向自然进军，从而征服自然、驾驭自然的一种手段与方法，坐落于郊野，高耸壁立而又傲然独有。

作为世界上最著名的建筑之一，帕提农神庙不仅是一部专题著作的主题，也是希腊本土最大的多利克柱式庙宇，代表着古希腊多利克柱式的最高成就，而且也是全球公认的多力克柱式的代表。"……是古希腊建筑中雄伟与精致，抽象与感性相结合的完美体现。"① 它敢于创新，突破常规，集中了古希腊建筑艺术的精华，融汇古希腊多利克柱式和爱奥尼亚柱式风格，且在外柱廊正立面上加柱子，采取了非传统的 8 根柱而不是 6 根柱的列柱，侧面用了 17 根而不是正统的 16 根。

---

① David Watkin：《西方建筑史》，傅景川译，吉林人民出版社 2004 年版，第 24 页。

这种独特的风格，使外观更为气魄宏伟，内部空间更为空阔旷达，表现出希腊统治者君临天下的泱泱大气和傲视苍穹雄浑伟岸的人本意志（见图 5 – 1）。

图 5 – 1　帕提农神庙立体图

帕提农神庙是卫城唯一的围廊式庙宇，形制典雅隆重，轮廓雄伟壮观：厚实的三级台基承接大地，无柱础，多利克柱式构成的列柱围廊环绕四周并在内部形成幽深的阴影，洁白的三角山花指向天空坦然地接受阳光的照耀。整个庙宇是围廊之林，由 46 根（前后各 8 根，两侧面各 17 根）高大的白圆柱支撑，深刻地体现了柱式的艺术表现能力。帕提农神庙外一圈柱廊，使庙宇四个面连续统一，也使室内空间与外界自然完全隔开，表现出一种意念上的对抗：它使庙宇形成一个封闭的、独立的个体，有着巨大的力量、超自然的力度、超强的自我意识。它昂首天外、特立独行、以我为尊的人本精神，包含着人类征服自然的英雄主义，赞颂人的强壮、智慧、独立和勇敢。

组成围廊的 46 根多利克石柱，柱身圆而粗壮，刻有一条条垂直平行的沟纹，上细下粗，中间微凸，形态雄伟朴实，它和多利亚人质朴的民族性格和生活理想相对应；殿堂内部使用了四根爱奥尼亚柱式，纤细轻巧，雕刻精致，柱身较长，上细下粗但无弧度，柱身的沟槽较深，呈半圆形。古罗马建筑师维特鲁威（Polio Vitruvius，公元前 1 世纪后半叶）记载一则希腊故事说，"多利克柱式是仿男体的，爱奥尼亚柱式是仿女体的"。① 的确，多利克柱式给人一种刚毅雄伟、坚强有力的男性气质，而爱奥尼亚柱式给人一种轻松活泼、自由秀丽的女性气质。这种外围多利克柱式，内殿爱奥尼亚柱式的形制，内柔外坚，反映出对人的美，对人的气质和品格的理解和尊重，以人为本，尊崇人体为最美的人本主义精神。这种人本精神，实际上暗喻着完美的自然力的神，也是人神同形同性希腊文化的反映，体现神性的人与人性的神的完美结合。

西方人怀着对上帝的虔诚和崇拜来审视自身周围的世界，建筑的形式也只不过是这种观念的表征。"建筑的语言凝固了神圣的宗教精

---

① 维特鲁威：《建筑十书》，高履泰译，知识产权出版社 2001 年版，第 106 页。

神，精神的意想远远地超越了物质的形式规定性。"① 黑格尔宣称，"绝对理念"是自然的主人，自然界是人精神的"外化"，理性创造了自然界；康德宣称人是主人，"自然界的最高立法必须是在我们心中"②，西方这种人高于自然之上的哲学观点使建筑成了一种人征服自然的手段，从而达到"人神之合"的境界。

第二节　"人人以和"与"物物以和"

在我国漫长的封建社会里，尽管传统文化是在不断争鸣、演进、交融中发展，但最终儒、道、释文化理念三源并流，占据了主导地位，其中儒家文化更是一枝独秀，其伦理思想广泛渗透到社会和人生各个领域，深刻地影响了中国传统建筑文化的精神面貌与历史发展，而这种影响强烈地表现在中国古代建筑如坛庙、都城、宫殿、陵寝等建筑文化现象中，使得中国古代建筑成为一部用土木"写就"的"政治伦理学"。而其核心理念和突出表现就是儒家礼制的"礼乐和谐"，这种以"礼"为基调的和谐，"没有把人的情感心理引向外在的崇拜对象或神秘境界，而是把它消融满足在以亲子关系为核心的人与人的世间关系之中，使构成宗教三要素的观念、情感和仪式统统环绕和沉浸在这一世俗伦理和日常心理的综合统一体中，而不必去建立另外的神学信仰大厦"。③ 即人与人既存在等级森严的等级关系，又有"仁"的和谐关系，即"人人以合"的理想社会理念。

这种理念反映在建筑上就是"以多座建筑合组而成之宫殿、官署、庙宇，乃至住宅，通常均取左右均齐之绝对整齐对称之布局。庭院四周，绕以建筑物，庭院数目无定。其所最注重者，乃主要中线之

① 刘月：《中西建筑美学比较研究》，博士学位论文，复旦大学，2004年，第24页。
② 康德：《未来形而上学导论》，庞景仁译，商务印书馆1997年版，第81页。
③ 李泽厚：《中国思想史论》（上），安徽文艺出版社1999年版，第25—26页。

成立。一切组织均根据中线以发展，其布置秩序均为左右分立，适于礼仪之庄严场合；公者如朝会大典，私者如婚丧喜庆之属"。① 其主要特征除了中轴线左右平衡，中为至尊，尊卑有序等基本结构布局理念外，还有地面平面铺开，重重院落相套，各种建筑前后左右有主有宾，合乎规律的排列而形成一个封闭群体空间格局，体现社会结构形态内向型和"集体美"特征的建筑，"它不是一个独立自在之物，只是作为全群的一部分而存在的。就像中国画中任何一条单独的线，如果离开了全画，就毫无意义一样，建筑单体一旦离开了群，它的存在也就失去了根据。太和殿只有在紫禁城的庄严氛围中才有价值，祈年殿也只有在松柏浓郁的天坛环境中才有生命"。② 可见，中国建筑的"人人以和"的整体性与群体性。

"建筑又是文化的一个缩影，反映着不同的社会功能，中国建筑以人的尺度体现着中国人乐生、重生的现世情怀；西方建筑则采用了超人的尺度，即神的尺度表达着对上帝和天国的迷狂与向往。"③ 可以看出，中国建筑以人为尺度，重视礼乐和谐；而西方建筑以神为尺度，建筑和谐的比例关系与优美的结构造型，是完美的神的尺度的具体运用。奥古斯丁把美规定为"各部分的匀称，加上色彩的悦目"。④ 他认为灵魂受到宗教的洗涤和净化，就会透过物体的和谐来直观上帝的和谐，从而在精神上与上帝融为一体。西方时空观基于这样的逻辑分析基础，因而建筑空间也就成为可以被测量的几何体，在此种意义上，他们把宇宙归结为可被测量的某种实体，建筑空间是一种可以被测量、被量化的物理空间。其建筑构想是在天文学、物理学中对时空做出精确的数学度量，再从数学的立场得出时空和谐的理念，强调的

---

① 梁思成：《梁思成文集》第三卷，中国建筑工业出版社1986年版，第10页。
② 萧默：《萧默建筑艺术论集》，机械工业出版社2003年版，第115页。
③ 刘月：《中西建筑美学比较研究》，博士学位论文，复旦大学，2004年，第5页。
④ 转引自《美学译文》第一辑，中国社会科学出版社1980年版，第181页。

是一种人支配下的"物物以和"，并把这种"物物以和"概括为
"美"。

　　早在古希腊时代，毕达哥拉斯就提出了关于数的比例构成美的
和谐的理论。他认为，自然界一切事物的本性，都是以数为范型
的，事物由于数而美，美即是一定数量关系构成的和谐，凡是符合
某种数的比例的，就是和谐，就能产生美感，数为万物的本原。亚
里士多德进一步深化"诸部分组成的整体的和谐就是美"的论点，
认为美是由："一种东西要成为美的东西，无论它是一种有生命的
东西，还是一个由部分构成的整体，其组成部分的排列要有某种秩
序，而且还要有某种一定的大小。美是同大小和秩序有关的。"①
文艺复兴时期的建筑理论家帕拉第奥同样认为："美产生于形式，
产生于整体和各个部分之间的协调，部分之间的协调以及部分和整
体之间的协调；建筑因而像个完整的、完全的躯体，它的每一个器
官都和旁的相适应，而且对于你所要求的来说，都是必需的。"②
从毕达哥拉斯数的和谐美到亚里士多德整体构成的秩序美再到帕拉
第奥整体与部分及部分与部分之间的协调美，体现出西方建筑美学
由表层到内在的重物理、重形式的发展历程，清晰地呈现出从重数
的静态和谐发展到重秩序的动态和谐，从而勾画出西方建筑艺术
"物物以和"理念的嬗变轨迹。

　　西方古典建筑的"物物以合"表现出建筑群中的有机整体性。
"一个美的事物——一个活东西或一个由某些部分组成之物——不
但它的各部分应有一定的安排，而且它的体积也该有一定的大小；
因为美要倚靠体积与安排，一个非常小的活东西不能美，因为我们
的观察处于不可感知的时间内，以致模糊不清；一个非常大的活东

————————

　①　亚里士多德：《诗学》，人民文学出版社 1963 年版，第 37 页。
　②　转引自孙祥斌等《建筑美学》，学林出版社 1997 年版，第 66 页。

西，例如一个一万里长的活东西，也不能美，因为不能一览而尽，看不出它的整一性。"① 这种有机整体性，并不力求整齐对称，而是追求个体与个体之间、个体与群体之间的动态和谐，构成灵活多变的建筑景观，既照顾了远处观赏的外部形象，也照顾到内部各个位置的观赏，使"它所有的风景都嵌入……和谐的框格里"。②

黑格尔曾经具体而精辟地论述西方古典建筑"物物相和"的力学比例关系的和谐美感："支撑物与被支撑物之间的力学比例关系也须按照正确的尺度和规律，例如，粗重的柱头放在细弱苗条的柱子上，或是让庞大的台基负荷很轻巧的建筑，都是不合适的。在建筑中宽对长和高的比例关系，柱子的高对粗的比例关系，柱子之间的间隔和数目，装饰的简单或繁复，在如此等类的一切比例关系上，古代建筑中都隐含着一种和谐，特别是希腊人对于这种和谐有正确的理解。"③ 作为西方古典建筑的典型代表，希腊建筑的各局部之间都具有音乐般的和谐比例。古希腊人认为，人是万物之灵，人体是最美的。通过艰苦的探索，凭借其智慧，他们发现了人体结构中的一个神秘而又科学的数字，人体之所以美就在于它体现了和谐，合乎某些数字的比例法则，是带有数学的神圣美。"同声相应，同气相求"，人体如一琴，当与外界的和谐相碰撞，便产生感应，形成共鸣，美感便会油然而生。当客体的和谐同人体的和谐相契合时，人们就会认为这客体是美的。在古希腊人的理论中"建筑物……必须按照人体各部分的式样制定严格的比例……细部规定出按照比例和均衡，使这些部分的和整体的布置变为和谐一致"④。

---

① 亚理士多德：《诗学》，罗念生译，上海人民文学出版社 1962 年版，第 25—26 页。
② 中央编译局编译：《马克思恩格斯全集》第二卷，人民出版社 2005 年版，第 55 页。
③ 黑格尔：《美学》第三卷（上），朱光潜译，商务印书馆 1996 年版，第 64 页。
④ 维特鲁威：《建筑十书》，高履泰译，知识产权出版社 2001 年版，第 74 页。

图 5 - 2　帕提农神庙正剖面图

　　帕提农神庙，被称为"古典艺术王冠上的宝石"，其造型及与环境的关系集对立统一的动态和谐与数的静态和谐于一体。其结构均匀，比例协调，风格高贵典雅，每个角落都透露出一种视觉上的美。它由多利克式的 46 根石柱构成，东西两面是 8 根柱子，南北两侧则是 17 根，东西宽 31 米，南北长 70 米。东西两立面（全庙的门面）山墙顶部距离地面 19 米，也就是说，其立面高与宽的比例为 19∶31，接近希腊人喜爱的"黄金分割比"。如图 5 - 2 所示，神殿的尺寸与黄金矩形几乎精确地吻合。不仅如此，其整体结构似乎每个角落都存在这一个比数：4∶9，如台基的宽比长，柱子的底径比柱中线距，正面水平檐口的高比正面的宽……基本都是 4∶9，从而使它的构图有条不紊，繁而不乱。整个柱式分柱础、柱身和柱头三部分，下粗上细，下重上轻，柱身上刻有凹槽，下由柱础相托，上与檐部相连，既显轻盈上升之感，又有坚实沉稳之势，尤其是从建筑力学的角度来看，顶部的压力与底部的支撑力之间处于一种完美的静态平衡。每种柱式都具有严密的模数关系，各部分的比例关系也都是按照人体的比例来设。既从视觉上有一种和谐美，又坚固沉稳。

帕提农神庙在结构上合乎人体美的比例，一方面，固然是出于对美的追求；另一方面，更重要的是对人的崇拜，由对人体美的赞叹、对和谐的追求引申出对人性美的企羡和推崇的人本精神，但这种对人本精神的肯定，实际上是对神的崇拜，因此这种"物物以和"的建筑理念归根结底也是一种神性的映射，是以神的尺度表达着对上帝和天国的迷狂与向往。

第三节　"身心以和"与"神心以和"

中国传统文化中的和谐理念，在不同的宗教中有不同的侧重点，佛教文化的传入，特别是佛教中国化以后，深受中国传统哲学及文化思想的影响，衍生出新的和谐理念，和道家注重人与自然的和谐，儒家注重人与人的和谐相比，佛教形成了人性与佛性的统一，灵与肉、心与身、出世与入世、理想与现实的统一，也就是注重了心与身即人自身的和谐。

佛教在中国的影响几乎和儒教不相上下，因此对中国古建筑文化的影响也是深刻而明显的。这种影响反映在佛教建筑的选址、布局、形制等方方面面，比如，受中国阴阳五行、风水学说影响下的选址，一般在环境优雅、士人静养的名山之上，以利于佛教徒们将自身藏匿于自然景观之中，在风水氤氲、神秘肃穆的感觉中修炼静心，达到身与心的安宁，清净与平和，这是其一；其二，佛教徒们在静心、禅定既有本我、空无、超世脱俗的出世思想修炼中，又能面对现实中的美好风景和植被繁茂、生机勃勃的自然环境，产生一种与自然和谐，找回本性、置身于灵山秀水间的世俗化入世精神。而在布局上，则受儒教礼制的影响颇为明显，比如佛寺的布局必须有中轴线，讲究中为至尊，左右对称，上下和谐，主次分明的等级观念，这种严谨的中轴对称性代表了强烈而世俗的理性精神，使佛教超凡脱俗的出世理念和俗世的现实相融合，从而表现了中国佛教建筑的严肃伦理精神即"达理"与"通情"的融合，身与心的平衡。在形制上的体现更是逐步形成了适应中国"水土"的宗教内涵，形成了具有中国传统文化特色的庭院式佛寺、功能由原来单一的埋葬舍利的佛塔拓展成多功能如登临眺览、料敌"导航"，佛助及第及遗体储存等功能的中国式佛塔及心境与环境、佛性与人性、佛门等级与儒家礼制、出世与入世的高度融合的石窟，可以看出佛教在中国世俗化的过程，从而达到一种心与身的和谐。

与中国的佛教建筑的淡于宗教、浓于伦理、身心以和不同的是，西方古典建筑则重于宗教，淡于伦理，讲求神与心的合一。西方哲学从主、客而分出发，在认识论上把现象界与本体界决然分割、对立起来。西方文化认为，人是理性的动物，按这种思想，人在天地宇宙中占主导地位，人的理性能驾驭和征服外在事物。而这种思想观念，对建筑的影响是：建筑与自然是二元对立的，这种对立，把经验的此岸世界与超验的彼岸世界划分开来，宗教虚构的上帝、神、天国、来世都属彼岸世界，与现实的此岸世界有着不可逾越的鸿沟。西方宗教认为，人在现实中是经受磨难的，要通过修行、磨炼等超脱现世，达到理想的天国，实现神与心的对话与融合。因此，反映在建筑上，就与中国宗教建筑大相径庭，其特征为：建筑的内部空间宏大而封闭，外部空间序列采用向高空垂直发展，挺拔向上的形式，尤其突出建筑个体特性的张扬。尖塔楼横空出世，纪念柱孤傲独立，几乎每一座单位建筑，都极力表现自己的风格魅力且绝少雷同。这种风格，往往形成一种以自然为背景的孑然孤立的空间氛围，建筑则似乎显得傲岸不羁，与自然之间缺乏沟通。如果说中国宗教建筑占据着地面，那么西方建筑就占领着空间；如果说中国宗教建筑是在平面铺开的话，那么西方建筑则侧重立体发展。

西方传统建筑的发展表现为突变式、跳跃式地前进，既有时代特征，又有地域性民族特色，不同的历史时期，有着不同的建筑风格。希腊式建筑本质上是一种数的和谐，比例匀称、结构合理、尺度宜人、造型简洁优雅，以庄重、高贵、典雅、静穆为审美理想，形式上表现为物物之和，柱廊开敞，建筑空间虚实呼应，给人以明朗、开放的亲切感，柱式大都模拟人体比例，体现了一种静态的和谐美。也是人神同形同性希腊文化的反映，体现神性的人与人性的神的完美结合，也是人的内心对神的向往和崇拜。

如果说，希腊古建筑是一种静态的和谐美的话，那么，古罗马建筑艺术则以圆顶、拱门、后墙为特色，讲求体量重拙、造型宏大、气势凌人、浑厚雄壮、华丽多彩。将内心追求的横扫四野、笼盖八荒的雄伟霸气，物化为以壮美为审美特征的高大而宏伟的建筑形象，体现出一种动态的和谐美。

中世纪的美学思想和建筑理念，一方面追求外在形式美，另一方面把人的心灵在接受宗教洗礼、净化后与神的和谐凸显无遗，将古希腊以来对和谐理想的追求推向新境界，但这种境界又是以神性的张扬、人性的泯灭以及人性皈依神性为前提的。

西方中世纪的哥特式建筑，除了总体上向高空延伸，给人以整体飞升的感觉外，其外观比例修直高耸，利用窄高的侧窗、修长的人物雕刻以及直插云霄的尖塔，还有凌空飞架的飞扶壁，特别突出垂直线条的表现，使整座建筑呈现一种冲天而起的气势，这种建筑风格是受西方宗教观念中天堂与地狱概念的影响，还有圣经中通天塔的故事，表达一种向上飞升，进入上界天堂的意欲和向往。这种垂直发展、挺拔向上的建筑形式，与西方宗教情结息息相关。古代西方人认为，那些主宰着人类命运、威力无比的神是在天国里，他们掌握着历史的进程和人类的福祉，因此对神的崇拜导致了西方哲学精神中超现实、重彼岸的思想。那一座座高耸入云的单体建筑，以垂直的线条，耸入云天，那一根根挺拔屹立的石柱和刺破苍穹的尖拱，将人们引向上苍，以呼唤和追求天国的幸福，寄托着古代西方人对来世的幻想与迷狂，形象而直观地体现出古代西方人出世理念和心与神融合的渴望。哥特式建筑艺术便是一个典型的范例：教堂内部的飞扶壁，柱子向上耸立伸展，在上方构成庞大的拱形顶，表现出一种自由地向遥远天国飞升的态势，"方柱变成细瘦苗条，高到一眼不能看遍，眼睛就势必向上移动，左右巡视，一直等到看到两股拱相交形成微微倾斜的拱顶，才安息下来，就像心灵在虔诚的修炼中起先动荡不安，然后超脱有限世界的纷纭扰攘，把自己提升到神那里，才得到安息"。[①] 那种向上升腾的动势，体现出对天堂的渴慕与向往，好像只有这样，才能聆听上帝或神的教诲，沐浴上帝或神的恩泽，心灵与神归一。

再如，西方宗教建筑的内部几乎完全与外界隔绝，在幽暗的光影变幻中，氤氲出神秘的宗教气息，这种空间，使教徒们收敛心神，意欲与外在自然和世俗生活绝缘，心灵肃静，皈依上帝。

总而言之，不论是古希腊建筑风格的静态和谐，还是古罗马建筑风格的动态和谐，乃至哥特式建筑的飞天气势，都表现出完美的整体性，所体现的都是古代西方心与神的融合。奥古斯丁认为："建筑物细部上的任何不必要的不对称都会使我们感到很不舒服。举例说，如果一座房子有一个门开在侧边，而另一个门则几乎是开在中间，但又并非恰好居中……我们就会不满意。相反，如果在墙中央开一窗户，在其两侧距离相等处又各开一个窗户，我们就会满意……这就是建筑学里值得夸奖的合理性……这是令人高兴的。因为这是美的，其所以美，就因为建筑总体的两半式样相同，并以一定的方式联系为一个统一和谐的整体。"[②] 同时，中世纪的建筑风格在一定程度上打破了最初的静态的和谐美，其体量宏大，外部形体突兀；内部空间巨大，细

---

① 黑格尔：《美学》第三卷（上），朱光潜译，商务印书馆1996年版，第129页。
② 转引自《美学译文》第一辑，中国社会科学出版社1980年版，第186页。

部装饰烦琐，从而重重地压抑着人的精神，使人因感到痛苦而产生一洗尘俗、升入天国的欲念，渴望能够升华到更高的境界，与神对话，从而传达出人们对尘世的超脱和对天国的向往。

第六章

构建现代建筑和谐发展观的
基本框架

    中国古建筑和谐理念源于独具神韵与价值的东方大地文化，源远流长，底蕴深厚，是前人智慧经验的结晶和历史文明的见证。基于丰厚的文化传统，在千百年的积淀凝聚中，形成了鲜明的特色，在世界建筑史上独创一格是毋庸置疑的，其基本特征概括地说有以下三个方面：一是人与自然相融合的生态平衡意识，二是人与人相融合的集体主义观念，三是身与心相融合的民族"实用理性"精神。这三个特征在三个方面体现了中国古建筑和谐理念的价值意义：绿色建筑与经济化——生态环境与市场效益的平衡、协调、兼顾与发展，传统建筑与现代化——传承与创新、继承与可持续发展的探讨研究，民族建筑与全球化——融会与贯通、古为今用、洋为中用的思考和借鉴。

    现代中国社会正处在一个高速发展，快速变革的时代，经济的发展，多元文化的并存，社会、人文观念日新月异地更新，都使中国大地上弥漫着一股风烟滚滚的潮流。尤其是当下的建筑文化正在走着一条新理性主义道路。随着经济发展和社会发展的需要。全国上下，大兴土木。房地产业高烧不退，各地建筑蓬勃兴旺，城市面貌日新月异，城市建筑设计繁荣活跃，大拆大建风靡全国。表面看是一种可喜的现象，是一种发展和进步——谁也不能阻挡前进的脚步，但不能忽略的问题是由于急功近利的思想作祟，在发展中忽略了环境保护意识，忽略了整体观念，忽略了中国传统建筑中的民族实用理性精神和朴素淡雅的风格，有些建筑在一定程度上破坏了建筑文脉的"通顺"，违背了古建筑所体现的"天人合一""礼乐和谐"等理念，阻断了古建筑的保存与新建筑的建造以及建筑与环境、建筑与道路、绿地、水系等因素的文脉有机联系，以致泥沙俱下，良莠不齐，使中国现代建筑走在某种危险的边缘，破坏了作为古建筑精华的和谐，探讨古建筑和谐理念，以达到古为今用、推陈出新，借以涵养和奠定现代建筑的基础，促进绿色建筑和经济发展、传统建筑和现代化，以及民族建筑和全球化共同协调发展，其价值意义正在于此。

第一节　绿色建筑与经济发展

中国古建筑一则由于受当时的环境、背景影响，二则受当时的资源、材料影响，更主要的是受传统文化的影响，大都有意识或下意识地成为了"绿色建筑"。其实，"绿色建筑"是一个现代概念名词。古人的所谓"绿色建筑"只不过是在内涵上切合罢了，所谓绿色建筑是"新兴的、颠覆性的、旨在重塑和谐生态体系的建筑形式。绿色建筑又叫可持续性建筑"。① 《绿色建筑评价标准》给出的定义是："绿色建筑是指在建筑的全寿命周期内，最大限度地节约资源（节能、节地、节水、节材）、保护环境和减少污染，为人们提供健康、适用和高效的使用空间，与自然和谐共生的建筑。"另外，可持续发展也是作为绿色建筑的要素。更通俗地讲："绿色建筑的基本内涵可归纳为：减轻建筑对环境的负荷，即节约能源及资源；提供安全、健康、舒适性良好的生活空间；做到人及建筑与环境的和谐共处、永续

---

①　常江航等：《谈中国绿色建筑的发展》，《科技创新导报》2003 年第 23 期。

发展。"①

从上文对绿色建筑的内涵阐述，不难看出，其核心理念是一个"和谐"，这和我国古建筑实践不谋而合。其实不是古建筑吻合了现代观念，而是现代的绿色建筑理念植根于古建筑的沃土。这是不容置疑的。

建筑的"绿色"理念源于中国几千年来的建筑实践，是中国古建筑文化的宝贵财富，古建筑理念中的"人与自然相亲""建筑即宇宙"的时空意识、"亲地、恋木"的大地情结、"达理而通情"的技术、艺术审美乃至"淡于宗教、浓于伦理"的"实用理性"精神，无不闪烁着"绿色"的勃勃生机和烁烁光华。

从我们的建筑现状可以看出，现代的浮躁和急功近利已经使我们远远背离了"绿色"，"绿色建筑与经济社会"形成了尖锐的矛盾对立。某些地方甚至严重到失去理性，盲目发展。如某些建筑商为了获取最大利润随意增加建筑容积、压缩绿地空间从而造成缺少阳光，不顾环境条件滥伐滥建从而严重破坏自然生态平衡，使用假冒伪劣建筑材料导致有毒化学元素污染，严重损害人体健康，超豪华装修、超标准建筑导致资源的浪费和闲置，盲目贪大求洋，不顾当地环境、气候、民族风俗习惯，造成视觉上、功能上的严重不协调。选址不当，尤其是在风景名胜区、水源保护区、自然保护区大兴土木。大肆破坏地形地貌导致水土流失，资源污染浪费，野蛮拆迁尤其是对古建筑、古文物的破坏，缺乏全局观念的重复建设，在宏观布局上各自为政，地方割据保护造成土地资源的不合理利用，导致短命建筑、垃圾建筑，由腐败权钱交易造成的豆腐渣建筑，等等。凡此种种都严重违背了绿色建筑的基本原则和理念。众所周知，世界人口在不断增加，包括土地在内的各种建筑资源在不断减少，有些资源是不可再生的。因

① 常江航等：《谈中国绿色建筑的发展》，《科技创新导报》2003年第23期。

此，当今这种杀鸡取卵式的掠夺性的无序开发，最终结果是资源枯竭，人类最终破坏和失去自己赖以生存的家园，人类居住环境恶化，生存状态变坏，那将是人类社会最大的悲哀。

当然，人类发展不能因噎废食。不能停滞发展的脚步，那么，就出现了绿色建筑和经济发展的矛盾，如何化解这一矛盾，如何协调平衡两者之间的关系，如何汲取古建筑文化中的和谐理念且融汇于现代经济发展的轨迹，从而达到建立在绿色建筑理念前提下的经济可持续稳定发展。正是本书所要探讨的价值意义之一。

如何解决这一问题呢？

第一，充分挖掘、整理、归纳古建筑文化中的"绿色建筑"和谐理念，本着"去其糟粕，取其精华"的原则，结合时代建筑特色和建筑背景，进行建筑设计和实践，同时大力弘扬、宣传绿色建筑思想，让传统文化和现代科技有机结合，利用媒体舆论等的力量，让"绿色"建筑深入人心，从而形成观念意识上的优良环境。比如建筑节能是绿色建筑的一个方面，建筑节能不是以牺牲室内环境舒适度为代价，所节约的能源是那些被浪费的能源。只要有了节约能源的意识，夏天、冬天空调、暖气开得适度，多利用自然通风和自然采光。在技术可行的情况下对已有建筑物进行节能技术改造，新建建筑重点强调朝向自然通风、自然采光、自然保温、自然照明的利用，如建筑的体形、遮阳和外墙保温、开窗的面积等方面。只要在这些方面处理得好，也就是最大限度协调缓解绿色建筑和经济发展的矛盾，就能使对立的两者达到某种和谐。

第二，通过对古建筑文化精髓的研讨、分析，融汇于现代经济发展的进程中，寻找"绿色建筑"和经济发展之间的最佳契合点，尽力形成和达到以最小的环境和资源的损坏，获得最大的经济效益；有人认为，节能建筑会增加投入，投资回收期长。但事实上并非完全如此，有些建筑师常常为了自己设计的作品有气魄，过于追求虚浮的美感，而忽略了建筑的绿色功能，这样不但没有经济效益，反而浪费了资源，破坏了绿色建筑和经济的协调发展。政府和建筑从业人员都要有节能意识，只要这样，房屋建设者实际上就可以在不增加投资的情况下达到节能效果。

第三，大力发展节能、环保的新技术、新材料、把现代建筑技术的新颖、简洁与创新和传统优秀建筑理念密切结合；在经济上合理，技术上可行的情况下，适当采用绿色能源，如风能、太阳能、地热等。由于有的绿色能源的利用到目前为止还不成熟，利用率低且造价高，所以只能说是在可能的情况下可考虑采用绿色能源。但是寻找和开发可再生能源是能源发展的方向。现阶段的重点应该是加强技术开发研究，逐步实现绿色能源的普遍运用，从而实现保持生态平衡前提下的经济效益最大化。

第四，提高资源保护意识，合理使用土地，在城市扩展和城镇建设上精心布局，强调与周边环境的融合和互补，利用现代科技建设如外墙保温体系、中水回收系统、雨水收集系统、垃圾及再利用系统等，杜绝资源浪费，加大废资源再利用项目研究的投入。在保护环境的前提下，充分运用高科技手段进行废物利用，增加经济效益，促进经济发展。在我国城市中尤其是中小城市的住宅面积偏大，造成不必要的浪费。我国人口基数大，人均面积小，要想实现可持续发展，在符合健康卫生和节能及采光标准的前提下，合理确定建筑密度和容积率，开发利用城市地下空间，提高土地利用的集约率和节约性，使住宅建设逐步走上科技含量高，资源消耗低，环境污染少，经济效益好的道路。杜绝政府"面子工程"片面追求新、奇、特，追求气派，大量消耗材料和土地资源，从而导致环境生态失衡，经济发展也止步不前的现象。

第二节　传统建筑与现代化

　　植根于中国传统文化理念下的中国古建筑，经过千百年来的大浪淘沙和风雨洗礼，保留至今，成了中国文化艺术中的瑰宝和中华民族优秀的建筑文化遗产，它们记载了我们这个民族的哲学、文学、宗教、艺术、伦理等的发展轨迹和辉煌历史。尽管中国古建筑在最初的设计理念上，不像西方建筑那样追求永恒，但客观上却成为民族文化的宝典。时代在发展，现代化社会也不会停止前进的脚步。现代化建设也如大河东流般澎湃向前，这样，传统建筑一方面作为历史文明的载体，是现代化发展传承的本源；另一方面作为客观存在，阻滞了现代化发展的步伐，所以形成一种矛盾对立关系。是重现代化发展还是重传统建筑的保护，成了两难的问题。中国古建筑的核心理念——"和谐"成了处理两者关系的准则，也就是说如何既要保护中国传统建筑，又要保证现代化发展的步伐，成为许多学者探讨的课题。

　　随着城市现代化步伐的加快，中国古建筑保护与经济社会发展的矛盾日益突出。在有效保护文化遗产和有力推动社会经济发展互动双赢上，我们必须努力探索从而找到两者的契合点。

一　让古建筑保护给力经济社会发展

　　古建筑等文化遗产的保护与经济社会发展，不是一对不可调和的矛盾。纵观世界，我们清晰地看到，只要是对文化遗产保护花大力气，其社会效益和经济效益就好。反之则衰落萎缩。意大利存有大量古罗马、文艺复兴时期的优秀文化遗产，经过修复保护后，每年带来的旅游外汇收入超过近百亿美元，仅一个庞贝古城，年接待游客就超过 200 万人次，从而成为国家经济发展的"龙头"。其拉动经济的效果十分明显。西班牙政府在文化遗产保护上平均每年投入数十亿元

（人民币），但这些投入得到了数倍甚至数十倍的超值回报。国内，凡是注重文化遗产保护的城市，其城市形象、环境、品位尤其是经济上都得到了有力的促进。比如历史文化古城西安，这里有着丰富的文化遗产、历史遗迹。在现代化进程中，是古建筑给现代化建设让路，还是现代化建设服从于古建筑保护，摆在决策者面前。再看西安，力求历史文化遗产保护与城市建设、经济发展齐头并进、相辅相成，把一对矛盾化为"欢喜冤家"。他们明确首先保护文化遗产的原则思路，提出了"政府意志＋科学规划＋资本运营"的文化遗产保护思路，探索出"文化＋旅游＋城市"的崭新模式，为文化遗产保护打开了通向成功之门的同时，也给经济发展带来了勃勃生机。西安众多的古建筑，优秀文化遗迹都以崭新的容颜述说着西安文化遗产保护的成就。而西安也因此吸引了国内外大量游客，收获了客观的经济效益，古建筑又反过来激活了西安的经济发展和现代化建设进程，既有效地保护了文化遗产，又有力地推动了经济社会的快速发展，因地制宜地寻找保护文化遗产和经济社会发展的平衡点，在看似矛盾的两者之间科学求得某种和谐，正是西安模式的成功之处。

二　用古建筑保护提升城市品质惠及人民生活

保护古建筑的目的是提升城市品质，提升城市品质的最终目的是惠及人民生活，这是体现古建筑等文化遗产价值的现实需要和终极目的。如曲江遗址公园与周边的曲江寒窑遗址公园、秦二世陵遗址公园的整合改造，形成了占地1500余亩的城市生态景观带，为市民提供了一个人文、自然、休闲、娱乐的城市活动区的同时，也吸引了无数的国内外游客，创造了可喜的经济效益。文化遗产保护在城市现代化建设和提升市民生活品质方面实现了双赢。和谐文化的生态景观，来自城市建设的和谐理念，和谐的城市建设理念又创造了发展的现代化经济，经济发展又为文化遗产保护奠定坚实的物质基础，文化遗产保护为经济社会的发展注入了丰富的文化内涵和新的活力。这样就形成了一个下大力气进行古建筑保护——促现代化经济发展——强有力的经济实力再投入古建筑保护的良性循环链。

另外，北京、南京、杭州等历史名城也在探索中找到了传统建筑保护和现代化发展的契合点，迈出了和谐发展的新步伐。

三　用现代科技手段开发古建筑潜在的价值，促进文化产业及现代化发展

随着社会的发展，科技的进步，开发传统文化遗产，发展文化产业，其手段也越来越趋于高科技化。文化遗产的数字化、旅游景点的信息化，拓展了古建筑潜在价值的开发，激发人们对古建筑文化遗产的兴趣，增强人们对文化遗产的理解，摆脱以往"上车睡觉，下车看庙"尴尬的局面。同时，加强文化遗产的保护和开发，对于改善生态环境、美化城市面貌、彰显地域魅力、促进经济社会发展具有重要作用。特别是古建筑作为文化产业和旅游产业的重要资源，在培育国民经济新的增长点、带动现代化城市发展等方面发挥着不可替代的作用。合理利用文化遗产的宝贵资源，加快发展文化产业，积极开发旅游业，打造国内外知名的文化和旅游品牌，提高衍生产品和配套服务质量，使文化遗产成为促进经济发展的新亮点，并通过现代的技术手段，使传统的建筑文化重新活跃，且转化成适合现代建筑的建筑文化。

由此可见，继承和弘扬古建筑文化的和谐理念，并结合现实实际，让历史文化遗产在发展文化产业中实现多重价值，在保护中予以利用，在利用中进一步诠释和丰富它们的综合价值，使文化遗产保护利用工作进一步融入经济发展、社会生活和城市建设。正确处理传统建筑保护和现代化建设之间的对立统一矛盾，加强对优秀传统古建筑物的保护、修葺和开发利用，是实现和谐社会、和谐发展的有益尝试。

运用中国传统文化中的"和谐"理念，古为今用，把本来棘手的

古建筑保护和现代城市建设发展，作为一个有机的整体，以保护文化古迹为主导思想，在保护中利用，在利用中获得经济效益，再加以保护，以达到惠及市民、稳定社会，求得和谐发展的社会效果。正是中国传统建筑文化中"和谐"理念的魅力所在。

第三节　民族建筑与全球化

"谁也不能否定中国传统建筑文化作为历史与民族的文化积淀，具有某种超越时代的真理性与人文性。诸多建筑文化的科学原则与人文原则，并不因时代的发展而从正确走向谬误，古建筑的美也不会因时代流渐而分文不值，它只会因时代的发展而发展。"[①] 这正是中国民族建筑文化的永恒价值所在。

中国传统建筑的和谐理念是在悠久的历史发展过程中逐步形成的，其独特魅力是任何别的建筑艺术形式都无法取代的，也因此成就了独具民族特色的中国传统建筑文化。这种文化是一种血脉，一种给人以归宿感的精神食粮。

全球化是当今国际学术界最为热门的课题之一，全球化的思想似乎已深入人心。尽管中国传统文化历史悠久、璀璨辉煌，但是在文化全球化之背景中，源远流长的中国古建筑文化却遭遇诸多危机。这种危机的核心表现就是中国古建筑文化逐渐被西方文化同化而处于边缘。"技术和生产方式的全球化，带来了人与传统地域空间的分离，地域文化的特色渐趋衰微；标准化的商品生产，致使建筑环境趋同、设计平庸、建筑文化的多样性遭到扼杀。"[②] 的确，中国古建筑那种"融入自然"和"自然融入"的借景生情、托景言志、情景交融的和谐氛围在

---

① 　王振复：《中国传统建筑的文化精神及当代意义》，《百年建筑》2003 年第 1 期。
② 　吴良镛：《世纪之交展望建筑学的未来》，《建筑学报》1999 年第 8 期。

人们的视野中逐渐消失，取而代之的是廉价的西方建筑仿制品，"欧陆风情"成了中国城市的流行风格，"表皮粗糙"的希腊式、哥特式、罗马式等种种洋风盛行，从而使中国许多城市特色逐渐消失，地域特征弱化。北京，作为中国宫殿城市和北方四合院的典型代表，与亚洲其他大城市如曼谷、雅加达等几乎没有什么区别：八车道的环形路，玻璃外墙的办公大楼和饭店几乎使整个城市改变了模样……。中国近几年现代建筑的发展，也几乎无一例外地染上了"西化"的烙印：最重大的标志性建筑设计项目，几乎都被外国建筑设计师囊括，如 CCTV 总部大楼、国家大剧院、奥运主体育场鸟巢、首都博物馆、北京电视中心等；即使住宅区，也有了不少的欧式草地和洋人雕像；甚至连北京著名的中国古建筑精华的"四合院"之皇城南池子，也被洋人建筑师看成了是毫无民族特色的庭院建筑，也就毫不留情地用假的二层"四合楼"取而代之。有人在《中国建筑史》考试中，交了白卷，公然宣称："我已下定决心，抛开传统，全盘西化。"他们认为，全球化等同于中国文化的"洋化"或是"全盘西化"。

中国传统建筑文化与全球化碰撞之激烈由此可见一斑。但是我们必须懂得，越是民族的才越是世界的，因为世界文化之所以斑斓多姿、精彩纷呈，正是由许许多多的各民族、各地域优秀文化荟萃而成。如果一种民族文化、一种地域文化失去了自己的特色，没有了自己鲜明的个性特征，那么也就不能自立于世界文化之林。同样，只有让中国几千年来的建筑文化积淀，充分绽放自己底蕴精邃、绵远厚重、博大精深的独特风格，才能在世界建筑文化之林独树一帜并占有自己的一席之地。"人类越来越强烈地感到大家居住在同一个星球上，就越需要各种文化具有各自的传统特点。品尝别国的美味佳肴，穿穿牛仔裤，享受一些相同的娱乐，这些都是值得向往的。但是，如果那种外在的演变开始侵蚀深层的文化价值观，人们就会回过头来强调它们的特色，这是一种文化反弹现象。每个国家的历史、语言和传统都独具特色。有趣的是，我们彼此越相似，就会越强调我们的独特性……当我们按全球生活方式生活时，我们也将坚持自己文化的民族特色。"① 其实越是民族的，越具有世界性，如果失去了自己的特色，也就失去了在世界上的地位。

鉴于此，我们得到如下启发：

第一，面对当今建筑文化全球化趋势的强力挑战，中国建筑更应该发掘、发挥、弘扬自己的民族特色，义不容辞地肩负起中国传统建筑文化现代化、全球化的使命。而要做到这一点，就必须对传统文化的精华进行全面而深刻的理解，解悟中国传统建筑文化的本质内涵，从而进行分析、消化、汲取并加以吸收，进而从哲学的深度研究传统文化的起源、变化和发展的轨迹和规律，最终探索出继承及发展创新的思路。使我们优秀的建筑文化遗产以及对世界做出巨大贡献的和谐建筑理念这棵根深叶茂的参天大树更加郁郁葱葱地挺立于世界文化、世界建筑文化之巅。

历史不能割断，民族传统不能抛弃，更不应该盲目追求某些没有传统文化根基的建筑形式。对我国独特的历史和文化，对历史文脉和文化传统的继承和追求，应在精神和内涵方面有更深层次的表现，而决不能仅仅停留在形式剪辑的设计层次上。发掘中国传统建筑文化的和谐本质内涵，将传统的创作思想和创作方法与现代方法、现代技术、现代要求相结合，以民族文化之根及不同文化之精髓孕育现代建筑文化之树，必将枝繁叶茂，拔地参天。

建筑作为文化的一种载体，绝不是孤立存在的，它必须植根于肥沃的文化土壤、留下深刻的文化印痕和浓厚的人文精神要素。每一个民族的地域文化都是从重视文化传统，探求民族特色中发展成长起来的。激活本国特殊的文化价值，发掘本民族优秀的建筑文化精华，从

---

① 约翰·奈斯比特：《亚洲大趋势》，蔚文译，上海远东出版社1996年版，第112页。

而奠定自己在世界建筑文化中的地位，已成为国际性建筑思潮之一。作为人类进步的标志，奔腾的世界、发展的全球，建筑风格进入了"各显神通"的时代，但万木竞秀、百舸争流却殊途同归：和谐理念、人文追求成为主流理念的同时也成为建筑新的价值衡量尺度。

第二，随着全球化的进程和现代科技的发展，多文化的交流和融合势在必行，文化的源流不同，文化发展也就不同，所以既要吸收外来文化，取长补短，又应立足于本国文化，要知其然，更要知其所以然，知己知彼方能融会贯通。我们不应当排斥西方建筑文化，作为文化艺术不管是古代的还是外国的只要是优秀的我们都应该坚持和借鉴，因为它是全人类的精神财富。所以现代建筑设计中，更新理念的同时，汲取古建筑文化内在的精髓，更应该结合西方现代设计理念，古为今用、洋为中用，百花齐放、推陈出新，既不拘泥于传统建筑形式，又能将建筑形式的精神意义植根于文化系统，从追求传统文化的吐故纳新、发扬光大入手，使新的文化产生新的形式，使传统文化不断进步，成为融古、今、中、外文化为一体的当今时代文化，切忌对西方文化的拙劣模仿，而沦入文化内涵肤浅、贫乏的样式化、时尚化、商业化中，只有这样才不至于失去传统建筑这一民族的根，设计出具有文化底蕴的、体现民族特色的现代建筑作品。

总之，建筑文化全球化进程中，我们应以更广博、更开阔的视角审视自身的发展，唤醒富于创造和革新的心灵，以东方文化整体观念、普遍联系的观点观察世界、改造世界，把民族的、时代的、文化的、发展的要素结合起来，让中国建筑文化走向世界，世界优秀建筑文化融入中国。

结　语

　　本书通过对中国古建筑文化研究现象和现状的梳理归纳，在许多专家、学者从不同方向研究和突破的基础上，对中国古建筑的纵向发展和横向分布、自然发展进行系统研究，尝试从跨学科、跨文化流派等多角度的不同点、面研究分析中国古建筑的类型特征、建筑实物、建筑理念中所蕴含的朴素生态环境观，探讨人与自然、人与人、人自身和谐关系的形成和发展的文化轨迹；既有历史脉络的发展分析，又有建筑类型的实物例证，同时也兼顾了地域环境特点的影响研究；从探讨古建筑文化与道教文化、儒教文化、佛教文化的历史渊源和内在联系，力求达到百川汇聚、殊途同归的研究效果。把建筑文化和中国传统伦理观念之间的脉络关系进行深入解释，解读中国古建筑朴素自然的实用意识、理性和秩序为内核的规范特征及兼容并蓄的胸怀，挖掘并借鉴其中合理成分，探求中国古建筑对现代建筑发展方向的影响和启发。这亦是本书的创新之处。

　　国内对中国古建筑研究起步比西方学者较晚，迄今为止，还少有系统、完整的研究古建筑理念的体系；且由于历史和国情的原因，现存的年代较久的古建筑实物和完整遗址并不很多，这无形中增加了本课题的难度，本书只有对参考文献资料和现存年代较晚的建筑实物或修补过的建筑遗址进行初步分析研究。即便如此，本书仍在尽可能多地收集和占有资料、考察实物的条件下对中国古建筑和谐理念的成因、发展、成型进行了系统化的探讨后，并以此为基础，和西方古典建筑的和谐理念做了对照，突出中国古建筑和谐理念的特色，得出以下结论：

第一，中国古建筑和谐理念有其深厚的文化基础，释、儒、道文化对其有着决定性的影响。这种影响不是一朝一夕，更不是突发奇想，而是经过千百年来的观察、实践、改进、积累、去伪存真、去粗取精，逐步积淀而成。其质朴自然而又博大精深的内涵，历经千百年的荟萃和洗礼，凝聚成了建筑文化的瑰宝，而其核心——和谐理念的真谛，就是遵循特定规律，诠释和昭示特定意义。

道教思想影响下人与自然和谐与共，相辅相成，汲天地之气，凝自然之华，因势象形，因地制宜，形式上效法自然，理念上亲近自然，达到"天人合一"的理想境界；儒家思想影响下，建筑是"礼""仁"等伦理观念的物化，建筑以其强烈的直观形象和鲜明的象征意义来体现社会各阶层人与人之间的关系，表现中国传统文化价值系统和审美理念，同时也承载着中国封建社会的等级诉求，达到封建制度下人与人和谐相处；佛教文化中，建筑成了灵魂的寄托，建筑以其崇高和完美给人一种强大的精神力量，人的身心在中国古建筑的潜意识暗示下，达到了某种和谐与平衡。建筑是和谐社会的一部分。

第二，中国古建筑从其建筑语言、建筑类型等各个方面都体现了中国传统文化的和谐理念。中国古建筑不仅是构造、结构和空间、形式的技术，更是思想、理念和伦理、精神的体现。在长期的积淀中荟萃了精华，造就了其独特的中国古建筑文化。把和谐的灵魂贯穿于人与自然、人与人、人自身的关系中，光华灿烂，熠熠生辉，成为华夏文化的瑰宝。将蕴含在传统建筑中的建造技术与建造理念现代化，既是对具体技术的现代改进，更是一种解决现代建筑危机的设计思路，达到既改善居住环境，又保持生态平衡；既继承精华，又不陷入重复历史的建筑理念、建筑实践的效果。

文化是需要传承的，特别是像中华民族这样悠久的、优秀的文化传统。一个民族的历史就是这个民族文化的历史，一个民族的进步和发展就是其文化的传承和创新。

可以看出，"和谐"理念近年来得到世界范围内的建筑文化界及环境设计界的广泛认可与推崇。研究中国的建筑艺术和谐理念，可以在理论上和现实中得以融合与同构，通过历史文化的视角展现这一悠久而科学的建筑设计风格，形成对现代建筑设计理念的启示，从而促进现代建筑设计理念的和谐与发展。中国古建筑丰富的文化遗存，蕴含着古老而朴素的哲理，它用独特的建筑语言给人以启迪：现代化建筑旨在一种生态建筑，即强调与周边环境相融合，和谐一致、动静互补，做到保护自然生态环境；同时强调一种情感建筑，即现代生活与文化回归的融合。在越来越多的中国传统文化正在渐渐被重视和保护时，中国古典建筑思想和方法更应展示在世人面前，体现民族特色和其深厚的内涵。

中国古建筑作为一门艺术，我们需要探讨它的美学价值；作为一种居住环境，我们更需要探讨它的实用价值；而作为一种文化理念，我们更要探求它的历史意义和现实意义。无论是艺术、建筑还是文化理念，都不是断代地、孤立地存在的，都有其源远流长的"根"，都有一个形成、发展、荟萃乃至提取精华的过程。只有汲取传统优秀文化之源，让现代建筑文化之大厦构建在坚实的传统建筑文化理念之上，才能固若磐石，才能耸入云天，才能自立于世界建筑文化之林。

总之，中国古建筑以其独特的文化底蕴激励世人创建礼乐和谐的文明之国。"建筑是石头的史书，是视觉的意志表象"，中国古建筑所带给人们的，不仅仅是视觉的美观、精神的升华、思维的拓展，更代表了其所体现的民族特色。只有民族的，才是世界的。中国现代建筑发展的方向，更应体现民族特色；汲取古建筑的优秀成果，发掘古建筑深厚的思想内涵，探讨在民族建筑的研究及可持续发展的绿色建筑设计方面发展的现代建筑的新模式，促进人与人、人与自然、人自身的和谐发展。

参考文献

一　著作

1. 曹林娣:《中国园林艺术论》,山西教育出版社 2001 年版。

2. 陈喆:《建筑伦理学概论》,中国电力出版社 2007 年版。

3. 陈志梧译:《空间的文化形式与社会理论读本》,明文书局 1983 年版。

4. 陈凯峰:《建筑文化学》,同济大学出版社 1996 年版。

5. 陈耀邦等:《可持续发展战略读本》,中国计划出版社 1996 年版。

6. 陈正祥:《中国文化地理》,生活·读书·新知三联书店 1983 年版。

7. 陈志华:《北窗杂记——建筑学术随笔》,河南科学技术出版社 1999 年版。

8. 陈志华:《外国建筑史》(19 世纪末叶以前),中国建筑工业出版社 1979 年版。

9. 程建军:《风水与建筑》,江西科学技术出版社 1992 年版。

10. 陈寿编:《三国志·诸葛亮传》,时代文艺出版社 1997 年版。

11. 程建军:《中国古代建筑与周易哲学》,吉林教育出版社 1991 年版。

12. 程建军：《风水与建筑》，江西科技出版社 1992 年版。

13. 崔世昌：《现代建筑与民族文化》，天津大学出版社 2000 年版。

14. 董仲舒：《春秋繁露》，中华书局 1983 年版。

15. 冯天瑜等：《中华文化史》，上海人民出版社 1991 年版。

16. 冯友兰：《中国哲学史新编》，人民出版社 1986 年版。

17. 傅熹年：《中国古代建筑史》第二卷，中国建筑工业出版社 2001
    年版。

18. 傅崇兰等：《曲阜庙城与中国儒学》，中国社会科学出版社 2003
    年版。

19. 傅隶朴：《春秋三传比义》，中国友谊出版公司 1984 年版。

20. 傅强、吴敏：《徽州古民居》，安徽美术出版社 1998 年版。

21. 高介华等：《建筑与文化论集》，湖北美术出版社 1993 年版。

22. 葛兆光：《道教与中国文化》，上海人民出版社 1987 年版。

23. 顾淮：《希腊城邦制度》，中国社会科学出版社 1982 年版。

24. 郭谦：《湘赣民系民居建筑与文化研究》，中国建筑工业出版社
    2005 年版。

25. 顾炎武：《历代宅京记》，中华书局 1984 年版。

26. 郭璞：《葬书·地理正宗》，上海文明书局 1926 年版。

27. 汉宝德：《建筑的精神向度》，台湾境与象出版社 1983 年版。

28. 何晓明编：《风水探源》，东南大学出版社 1990 年版。

29. 何晓明等：《中国文化概论》，首都经济贸易大学出版社 2007
    年版。

30. 何新等编：《中国古代文化史论》，北京大学出版社 1986 年版。

31. 贺业矩：《考工记营国制度研究》，中国建筑工业出版社 1985
    年版。

32. 贺业矩：《中国古代城市规划史》，中国建筑工业出版社 1996
    年版。

33. 贺业矩等:《建筑历史研究》,中国建筑工业出版社 1992 年版。

34. 贺业矩:《中国古代城市规划史论丛》,中国建筑工业出版社 1986 年版。

35. 侯幼彬:《中国建筑美学》,中国建筑工业出版社 2009 年版。

36. 侯幼彬等:《中国建筑艺术全集 20:宅第建筑》,中国建筑工业出版社 1999 年版。

37. 侯继窑:《中国窑洞》,河南科学技术出版社 1999 年版。

38. 侯仁之等:《北京城的起源与变迁》,中国书店 2001 年版。

39. 毛泽东:《湖南农民运动考察报告》,人民出版社 1966 年版。

40. 胡潇:《文化的形上之思》,湖南美术出版社 2002 年版。

41. 胡兆量等:《中国文化地理概述》,北京大学出版社 2001 年版。

42. 黄汉民:《福建土楼》,汉声杂志社 1994 年版。

43. 季羡林等:《东方文化研究》,北京大学出版社 1994 年版。

44. 姜晓萍:《中国传统建筑艺术》,西南师范大学出版社 1998 年版。

45. 金磊:《建筑科学与文化》,科学技术文献出版社 1999 年版。

46. 金景芳:《周易讲座》,吉林大学出版社 1987 年版。

47. 金经元:《社会、人和城市规划的理性思维》,中国城市出版社 1993 年版。

48. 荆其敏:《中国传统民居》,天津大学出版社 1996 年版。

49. 荆其敏:《中国传统民居百题》,天津大学出版社 1985 年版。

50. 亢亮、亢羽:《风水与建筑》,百花文艺出版社 1999 年版。

51. 亢羽:《中华建筑之魂》,中国书店 1999 年版。

52. 亢羽:《易学堪舆与建筑》,中国书店 1999 年版。

53. 孔子弟子著,李泽非整理:《论语》,万卷出版公司 2009 年版。

54. 老根编著:《黄帝宅经》,中国戏剧出版社 1999 年版。

55. 李少林:《中国建筑史》,内蒙古人民出版社 2006 年版。

56. 李君如:《社会主义和谐社会论》,人民出版社 2005 年版。

57. 李允鉌：《华夏意匠——中国古典建筑设计原理分析》，天津大学出版社 2005 年版。

58. 李泽厚：《李泽厚十年集》，安徽文艺出版社 1994 年版。

59. 李泽厚：《试谈中国的智慧》，生活·读书·新知三联书店 1988 年版。

60. 李泽厚：《中国思想史论》（上），安徽文艺出版社 1999 年版。

61. 李泽厚：《美的历程》，天津社会科学院出版社 2001 年版。

62. 李长杰：《中国传统民居与文化》，中国建筑工业出版社 1995 年版。

63. 李镜池：《周易探源》，中华书局 1978 年版。

64. 李培林等：《新社会结构的生长点》，山东人民出版社 1993 年版。

65. 李书钧编：《中国古代建筑文献注译与论述》，机械工业出版社 1996 年版。

66. （宋）李诫：《营造法式》，中国建筑工业出版社 1982 年版。

67. 李学勤主编：《春秋谷梁传注疏》，北京大学出版社 1999 年版。

68. 李先逵、张晓群：《四合院的文化情神》，载《中国传统民居与文化》第七辑，山西科学技术出版社 1999 年版。

69. 刘黎明主编：《土地资源学》，中国农业大学出版社 2001 年版。

70. 吕不韦：《吕氏春秋》，辽宁民族出版社 1996 年版。

71. 梁思成：《中国建筑史》，中国建筑工业出版社 2005 年版。

72. 梁思成：《凝动的音乐》，百花文艺出版社 1998 年版。

73. 梁思成：《梁思成文集》第三卷，中国建筑工业出版社 1986 年版。

74. 梁思成：《图像中国建筑史》，中国建筑工业出版社 1991 年版。

75. 梁思成主编：《建筑历史与理论》第一辑，江苏人民出版社 1981 年版。

76. 梁漱溟：《中国文化要义》，学林出版社 1987 年版。

77. 联合国人居中心编：《城市化的世界》，沈建国等译，中国建筑工业出版社 1999 年版。

78. 林枚：《阳宅会心集》，上海古籍出版社 1982 年版。

79. 凌继尧、徐恒醇：《艺术设计学》，人民出版社 2000 年版。

80. 刘育东：《建筑的涵意》，百花文艺出版社 2006 年版。

81. 刘方：《中国美学的基本精神及其现代意义》，巴蜀书社 2003 年版。

82. 刘先觉：《现代建筑理论》，中国建筑工业出版社 1999 年版。

83. 刘敦祯：《中国古代建筑史》（第二版），中国建筑工业出版社 1984 年版。

84. 刘沛林：《古村落：和谐的人聚空间》，上海三联书店 1997 年版。

85. 刘致平：《中国居住建筑简史》，中国建筑工业出版社 1980 年版。

86. 罗哲文、王振复：《中国建筑文化大观》，北京大学出版社 2001 年版。

87. 楼庆西：《中国古建筑二十讲》，生活·读书·新知三联书店 2003 年版。

88. 陆大道：《区域发展及其空间结构》，科学出版社 1995 年版。

89. 陆翔、王其明：《北京四合院》，中国建筑工业出版社 1996 年版。

90. 马克思、恩格斯：《马克思恩格斯全集》（俄文版二卷），人民出版社 1931 年版。

91. 马炳坚：《北京四合院建筑》，天津大学出版社 2001 年版。

92. 马晓宏：《天·神·人》，国际文化出版公司 1988 年版。

93. 庞朴：《阴阳五行探源》，中国社会科学出版社 1984 年版。

94. 任平：《时尚与冲突——城市文化结构与功能新论》，东南大学出版社 2000 年版。

95. 沈福煦：《中国古代建筑文化史》，上海古籍出版社 2001 年版。

96. 沈福煦：《人与建筑》，学林出版社 1989 年版。

97. 孙祥斌等：《建筑美学》，学林出版社 1997 年版。

98. 孙宗文：《中国建筑与哲学》，江苏科学技术出版社 2000 年版。

99. 王其亨等编：《风水理论研究》，天津大学出版社 1992 年版。

100. 单德启：《中国传统民居图说：徽州篇》，清华大学出版社 1998 年版。

101. 沈克宁等：《人居相依》，上海科技教育出版社 2000 年版。

102. 沈玉麟：《外国城市建设史》，中国建筑工业出版社 1989 年版。

103. 史建：《图说中国建筑史》，浙江教育出版社 2001 年版。

104. 世界环境与发展委员会：《我们共同的未来》，王之佳等译，吉林人民出版社 1997 年版。

105. 司马迁：《史记》，线装书局 2006 年版。

106. 孙宗文：《中国建筑与哲学》，江苏科学技术出版社 2000 年版。

107. 秦红岭：《建筑的伦理意蕴》，中国建筑工业出版社 2006 年版。

108. 裘仁、林骧华：《中国传统文化精华》，复旦大学出版社 1995 年版。

109. 马大相：《灵岩志》，山东友谊出版社 1994 年版。

110. 中国科学院考古研究所：《新中国的考古收获》，文物出版社 1961 年版。

111. 湖北省文物考古研究所石家河考古队等：《邓家湾：天门石家河考古报告之二》，文物出版社 2003 年版。

112. 半坡博物馆等：《姜寨——新石器时代遗址发掘报告》（上），文物出版社 1988 年版。

113. 王振复：《建筑美学笔记》，百花文艺出版社 2005 年版。

114. 王振复：《宫室之魂——儒道释与中国建筑文化》，复旦大学出版社 2001 年版。

115. 王振复：《大地上的"宇宙"》，复旦大学出版社 2001 年版。

116. 王振复、杨敏芝：《人居文化》，复旦大学出版社 2001 年版。

117. 王振复：《中华古代文化中的建筑美》，学林出版社 1989 年版。

118. 王振复：《中国建筑的文化历程》，上海人民出版社 2000 年版。

119. 王荣玉等：《灵岩寺》，文物出版社 1999 年版。

120. 王蔚：《不同自然观下的建筑场所艺术》，天津大学出版社 2004 年版。

121. 王化君等：《建筑·社会·文化》，中国人民大学出版社 1991 年版。

122. 王小慧：《建筑文化艺术及其传播》，百花文艺出版社 2000 年版。

123. 王其享：《风水理论研究》，天津大学出版社 1992 年版。

124. 王文卿：《西方古典柱式》，东南大学出版社 1999 年版。

125. 王天锡：《建筑的美学评价》，中国建筑工业出版社 2002 年版。

126. 王受之：《世界现代建筑史》，中国建筑工业出版社 1999 年版。

127. 王恩涌：《文化地理学导论：人·地·文化》，高等教育出版社 1983 年版。

128. 王贵祥：《东西方的建筑空间》，建筑工业出版社 1998 年版。

129. 王会昌：《古典文明的摇篮与墓地》，华中师范大学出版社 1997 年版。

130. 王会昌：《中国文化地理》，华中师范大学出版社 1996 年版。

131. 王鲁民：《中国古典建筑文化探源》，同济大学出版社 1997 年版。

132. 王鲁豫：《中华古文化大图典》，北京广播学院出版社 1992 年版。

133. 王绍周：《中国民族建筑》，江苏科学技术出版社 1999 年版。

134. 王世仁：《理性与浪漫的交织》，中国建筑工业出版社 1979 年版。

135. 王世仁：《王世仁建筑历史理论文集》，中国建筑工业出版社 2001 年版。

136. 王天锡：《国外著名建筑师丛书：贝聿铭》，中国建筑工业出版社1990年版。

137. 王新春：《神妙的周易智慧》，中国书店2001年版。

138. 王振复：《建筑美学》，云南人民出版社1987年版。

139. 汪国瑜：《建筑——人类生息的环境艺术》，北京大学出版社1996年版。

140. 汪之力等：《中国传统民居建筑》，山东科学技术出版社1994年版。

141. 汪子松等：《欧洲哲学史简编》，人民出版社1972年版。

142. 吴良镛：《广义建筑学》，清华大学出版社1989年版。

143. 吴良镛：《人居环境科学导论》，中国建筑工业出版社2001年版。

144. 吴良镛：《世纪之交的凝思：建筑学的未来》，清华大学出版社1999年版。

145. 萧默：《萧默建筑艺术论集》，机械工业出版社2003年版。

146. 萧默等：《中国建筑艺术史》，文物出版社1999年版。

147. 许嘉璐主编：《二十四史全译之魏书》，汉语大辞典出版社2004年版。

148. 许祖华：《建筑美学原理及应用》，广西科学技术出版社1997年版。

149. 徐千里：《创造与评价的人文尺度》，中国建筑工业出版社2000年版。

150. 徐复观：《中国艺术精神》，春风文艺出版社1987年版。

151. 谢宝笙：《龙、易经与中国文化的起源》，中国社会科学出版社1999年版。

152. 张岱年：《中国哲学大纲》，中国社会科学出版社1982年版。

153. 严吾：《轻松读易经》，中国书店2010年版。

154. 杨文衡：《中国风水十讲》，华夏出版社 2007 年版。

155. 杨念群：《儒学地域化的近代形态》，生活·读书·新知三联书店 1997 年版。

156. 杨鸿勋：《建筑考古学论文集》，文物出版社 1987 年版。

157. 杨宽：《中国古代陵寝制度史研究》，上海古籍出版社 1985 年版。

158. （北魏）杨炫之：《洛阳伽蓝记》，上海古籍出版社 1985 年版。

159. 杨永生：《建筑百家言》，中国建筑工业出版社 1998 年版。

160. 易存国：《固着与超越——中国审美文化论》，安徽文艺出版社 2000 年版。

161. 杨文衡：《易学与生态环境》，中国书店 2003 年版。

162. 叶舒宪：《中国神话哲学》，中国社会科学出版社 1982 年版。

163. 余东升：《中西建筑美学比较研究》，华中理工大学出版社 1992 年版。

164. 于淖云：《中国宫殿建筑论文集》，紫禁城出版社 2002 年版。

165. 袁坷：《中国古代神话》，中华书局 1985 年版。

166. 袁庭栋译注：《易经》，巴蜀书社 2004 年版。

167. 左国保等：《山西明代建筑》，山西古籍出版社 2005 年版。

168. 宗白华：《艺术与中国社会》，上海文艺出版社 1991 年版。

169. 张其昀：《中华五千年史》（第五册），中国文化大学出版部 1979 年版。

170. 张志林：《中西科学"研究传统"的差异与会通》，中山大学出版社 1996 年版。

171. 吴兆基编选：《诗经·公刘》，宗教文化出版社 2001 年版。

172. 赵鑫珊：《建筑是首哲理诗》，百花文艺出版社 1998 年版。

173. 赵魏岩：《当代建筑美学意义》，东南大学出版社 2001 年版。

174. 赵立瀛、何融：《中国宫殿建筑》，中国建筑工业出版社 1992

年版。

175. 赵军：《文化与时空》，中国人民大学出版社1989年版。

176. 赵世瑜、周尚意：《中国文化地理概说》，山西教育出版社1991年版。

177. 中国科学院自然科学史研究所：《中国古代建筑技术史》，科学出版社1990年版。

178. 周宪：《中国当代审美文化研究》，北京大学出版社2002年版。

179. 严吾：《轻松读易经》，中国书店2010年版。

180. 朱光潜：《西方美学史》，商务印书馆1985年版。

181. 《庄子》，安继民等译注，中州古籍出版社2008年版。

182. 《荀子》，安继民译注，中州古籍出版社2008年版。

183. 《尚书》（今文全本），贺友龄译注，高等教育出版社2008年版。

184. 《韩非子》，李维新等译注，中州古籍出版社2009年版。

185. 《孟子》，万丽华等译注，中华书局2010年版。

186. 《墨子》，高秀昌译注，中州古籍出版社2008年版。

187. 罗伯特·文丘里：《建筑的矛盾性与复杂性》，周卜颐译，中国建筑工业出版社1991年版。

188. 罗杰·斯克鲁顿：《建筑美学》，刘先觉译，中国建筑工业出版社2003年版。

189. 卡斯腾·哈里斯：《建筑的伦理功能》，申嘉、陈朝晖译，华夏出版社2001年版。

190. 肯尼斯·弗兰姆普敦：《现代建筑：一部批判的历史》，张钦楠译，生活·读书·新知三联书店2004年版。

191. 克里斯·亚伯：《建筑与个性》，张磊、司玲等译，中国建筑工业出版社2003年版。

192. 约翰·奈斯比特：《亚洲大趋势》，蔚文译，上海远东出版社

1996 年版。

193. 麦克哈格：《设计结合自然》，苗经纬译，中国建筑工业出版社
1992 年版。

194. 塞缪尔·亨廷顿：《文明的冲突与世界秩序的重建》，周琪等译，
新华出版社 1998 年版。

195. 阿恩海姆：《视觉思维》，滕守尧译，四川人民出版社 1998
年版。

196. 阿摩斯·拉普卜特：《建成环境的意义》，黄兰谷等译，中国建
筑工业出版社 2003 年版。

197. C. 亚历山大：《建筑的永恒之道》，赵冰译，知识产权出版社
2002 年版。

198. 乔弗·司谷特：《人文主义建筑学》，张钦楠译，中国建筑工业
出版社 1989 年版。

199. 大卫·沃特金：《西方建筑史》，傅景川译，吉林人民出版社
2004 年版。

200. G. 勃罗德彭特：《符号·象征与建筑》，乐民成等译，中国建筑
工业出版社 1991 年版。

201. G. 勃罗德彭特：《建筑设计与人文科学》，张韦译，中国建筑工
业出版社 1990 年版。

202. 布莱恩·劳森：《空间的语言》，杨青娟等译，中国建筑工业出
版社 2003 年版。

203. 帕瑞克·纽金斯：《世界建筑艺术史》，顾孟潮等译，安徽科学
技术出版社 1990 年版。

204. 汤因比：《历史研究》，曹末风等译，上海人民出版社 1986
年版。

205. 热尔曼·巴赞：《艺术史——史前至现代》，刘明译，上海人民
美术出版社 1989 年版。

206. 曼弗雷多·塔夫里:《建筑学的理论和历史》,郑时龄译,中国建筑工业出版社 1991 年版。

207. 威特鲁威:《建筑十书》,高履泰译,知识产权出版社 2001 年版。

208. 诺伯格·舒尔茨:《存在·空间·建筑》,尹培桐译,中国建筑工业出版社 1990 年版。

209. 黑格尔:《美学》第 2 卷,朱光潜译,商务印书馆 1981 年版。

210. 康德:《未来形而上学导论》,庞景仁译,商务印书馆 1997 年版。

211. 伊东忠太:《中国建筑史》,陈清泉译,上海书店 1984 年版。

212. Edward Winters, *Aesthetics & Architecture*, New York: Continuum International Publishing Group, 2007.

213. B. Zevi, *Architecture as Space*, Rome: Horizon Press, 1974.

214. Michael Raeburn, *Architecture An Illustrated History*, New York: Orbis Publishing Limited, 1980.

215. Rudofsky B., *Architecture without Architects: A Short Introduction to Non-pedigreed Architecture*, New York: Doubleday & Company Inc., 1964.

216. Sutton I., *Western Architecture*, London: Thames and Hudson, 1999.

217. Watkin D., *A History of Western Architecture*, London: Laurence King, 1986.

二　期刊论文

1. 蔡德道:《中国建筑理性传统与哲理的现代意义》,《建筑师》第 34 期。

2. 蔡镇钮：《中国民居的生态精神》，《建筑学报》1999 年 7 月。

3. 曾坚：《从比较看"北京宪章"的理论体系和历史地位》，《建筑学报》2001 年 1 月。

4. 常江航等：《谈中国绿色建筑的发展》，《科技创新导报》2003 年第 23 期。

5. 陈薇：《关于中国古代建筑史框架体系的思考》，《建筑师》第 52 期。

6. 程启明：《建筑哲学框架的建立与填充》，《建筑师》第 89 期。

7. 程万里：《传统意向与民族形式》，《建筑师》第 35 期。

8. 邓其生：《中国古建筑中的民族精神》，《古建园林技术》1995 年第 3 期。

9. 董卫：《关于生态城市与建筑的发展》，《建筑学报》2000 年 9 月。

10. 冯兆平：《先秦儒家与中国古代医学的养生思想》，《上海师范学院学报》1983 年第 3 期。

11. 冯天瑜：《中华文化多样性及文化中心转移的地理基础》，《广东社会科学》1990 年第 2 期。

12. 顾孟潮：《21 世纪的中国建筑史学》，《建筑学报》2000 年 3 月。

13. 顾孟潮：《关于建筑史学学科发展的思考》，《建筑学报》2001 年 3 月。

14. 吴振禄：《山西侯马呈王古城》，《文物》1988 年第 3 期。

15. 巩治永：《直击甘肃舟曲泥石流现场》，《济南时报》2010 年 8 月 8 日。

16. 贺业钜：《关于我国传统城市设计几个问题探讨》，《建筑师》第 85 期。

17. 何重义：《论中国建筑环境中的传统"中介"文化》，《建筑师》第 51 期。

18. 韩增禄：《自然灾害与建筑选址》，《中华建筑报》2010 年 11 月

16 日。

19. 刘森林：《中国古代民居建筑等级制度》，《上海大学学报》2003
年 1 月。

20. 刘玉民：《圣家族大教堂演变过程中建筑风格的协调》，《北京规
划建设》2002 年 1 月。

21. 彭晋媛：《礼——中国传统建筑的伦理内涵》，《华侨大学学报》
（哲学社会科学版）2003 年第 1 期。

22. 沈福煦：《中国文化的园林表达》，《建筑师》第 95 期。

23. 陕西省博物馆：《唐长安城兴化坊遗址钻探简报》，《文物》1972
年第 1 期。

24. 王振复：《中国传统建筑的文化精神及当代意义》，《百年建筑》
2003 年第 1 期。

25. 王国梁：《建筑理论与创作的哲学指导》，《建筑学报》2001 年
8 月。

26. 王贵祥：《建筑的神韵与建筑风格的多元化》，《建筑学报》2001
年 9 月。

27. 王贵祥：《建筑如何面对自然》，《建筑师》第 37 期。

28. 王路：《村落的未来景象》，《建筑学报》2000 年 11 月。

29. 王路：《人·建筑·自然》，《建筑师》第 31 期。

30. 汪正章：《建筑创作学的理论架构》，《建筑学报》2002 年 10 月。

31. 魏成林：《对北京历史城市设计的分析》，《建筑创作》2002 年
7 月。

32. 魏成林、白晨曦：《与历史对话　与未来共生》，《北京规划建
设》2002 年 6 月。

33. 吴良镛：《世纪之交展望建筑学的未来》，《建筑学报》1999 年第
8 期。

34. 吴良镛：《再论建筑学的未来》，《建筑学报》1998 年 7 月。

35. 武廷海：《从聚落形态的演进看中国城市的起源》，《建筑史论文集》（第 14 辑），清华大学出版社 1998 年版。

36. 薛求理：《中国传统营造意识的象征性》，《建筑师》第 38 期。

37. 徐清泉：《天人合一：中国传统建筑文化的审美精神》，《新疆大学学报》（哲学社会科学版）1995 年第 23 卷第 2 期。

38. 项岩松：《浅谈礼制对中国古建筑的影响》，《山西建筑》2009 年第 4 期。

39. 宋海林、胡绍学：《关于生态建筑的几点认识和思考》，《建筑学报》1999 年 3 月。

40. 杨鸿勋：《21 世纪的营窟与橧巢：生态建筑·生态城·山水城市》，《建筑学报》2000 年 9 月。

41. 杨经文：《绿色摩天楼的设计与规划》，《世界建筑》1999 年 2 月。

42. 杨新民：《建筑的本质——历史的限定》，《建筑师》第 45 期。

43. 张锦秋：《和谐建筑之探索》，《建筑学报》2006 年 9 月。

44. 张鸽娟：《对建筑美的人文内涵的认识》，《山西建筑》2005 年第 13 期。

45. 张弘：《可持续发展与中国青年建筑师的未来》，《建筑学报》1999 年 5 月。

46. 赵玮宁：《香港建筑学家称风闸效应导致淘大花园非典爆发》，《新闻晚报》2003 年 5 月 6 日第 4 版。

47. 周鸣鸣：《中国传统民居建筑装饰的文化表达》，《南方建筑》2006 年 2 月。

48. 周畅：《对地方传统建筑文化的再认识》，《建筑学报》2000 年 1 月。

49. 吴庆洲：《象天·法地·法人·法自然——中国传统建筑意匠发微》，《华中建筑》1993 年第 4 期。

50. 荆其敏：《生态建筑学》，《建筑学报》2000 年第 7 期。

51. 尹国均：《作为"场所"的中国古建筑》，《建筑学报》2000 年 11 月。

52. 中国社科院考古研究所：《1972 年春临潼姜寨遗址发掘简报》，《考古》1973 年第 3 期。

53. 中国社科院考古研究所：《湖北天门市石家河古城遗址发掘报告》，《考古》1994 年第 7 期。

54. 朱昌廉、胡昌俊：《继承·改善·创新》，《建筑师》第 32 期。

55. 庄惟敏：《建筑的可持续发展与伪可持续发展的建筑》，《建筑学报》1998 年 11 月。

三　未刊学位论文

1. 白晨曦：《天人合一：从哲学到建筑——基于传统哲学观的中国建筑文化研究》，博士学位论文，中国社会科学院，2003 年。

2. 刘月：《中西建筑美学比较研究》，博士学位论文，复旦大学，2004 年。

3. 盛国军：《环境伦理与经济社会发展关系研究》，博士学位论文，中国海洋大学，2007 年。

4. 赵群：《传统民居生态建筑经验及其模式语言研究》，博士学位论文，西安建筑科技大学，2004 年。

5. 赵慧宁：《建筑环境与人文意识》，博士学位论文，东南大学，2005 年。

6. 王鹏：《建筑适应气候》，博士学位论文，清华大学，2001 年。

后　记

　　2002 年我有幸入山东大学外国语学院攻读英语语言文学专业的硕士，由于学习的需要，涉猎了不少介绍西方文化的书籍，对西方文化有所了解并引发了对中西方文化进行比较的兴趣。2005 年硕士毕业后就职于山东建筑大学外国语学院，接触并初步了解了一些建筑方面的知识，进而对中西方建筑文化的异同产生了浓厚的兴趣。2006 年，考入以文史见长的山东大学历史文化学院，攻读文化产业博士，有幸师从著名考古专家任相宏先生学习中国古建筑文化。2008 年，我有幸获得国家建设高水平大学研究生公派留学的机会，赴美国圣路易斯华盛顿大学学习、研究两年，其间，每周两次参加西方建筑文化的学术讲座，比较系统地学习了西方古建筑文化课程并实地考察了某些西方著名古典建筑，为研究中西方建筑文化奠定了良好基础。

　　通过几年的学习研究和实践，我深切感悟到对中西方建筑文化进行比较研究，首先要立足于对中国古建筑文化的理解，探讨其渊源，厘清其发展脉络。因此我侧重于在上述方面夯实基础，以避免我的研究成为无本之木，故本书的研究着重于中国古建筑文化，只有小部分章节粗略涉及中西方建筑文化理念的比较。

　　至此，作为著作已经完成了，但我对中国古建筑和谐理念的研究才刚刚开始，对于整个中西方建筑文化理念的比较，也仅仅是个开头。中西方古建筑文化底蕴深厚，内涵丰富，在以后漫长的研究生涯中要想探讨其深邃的精神，还有很长的路要走；在翻译、研究西方生态城市模式理论，围绕中国城市化进程中的城市生态环境保护和利用等问题，聚焦基于整体生态学的中国城镇化的转型升级等方面还有很多的事要做。

在此，特别感激山东社会科学院的领导和同事们！他们在我的研究中，给予了悉心而又专业性的指导；在研究成果出版中，给予了鼎力资助；我唯有加倍努力工作，才能略有心安！恩师亲友的热诚和关注也将激励我去取得另一个进步和成绩。

李　玲

2016 年 10 月